와인 Wine

지은이 / 황현수
펴낸 곳 / MS book
주소 / 부천시 경인로 461 MS타워
전화 / 032) 710 - 5749
홈페이지 / www.a-nan.co.kr

ISBN 979-11-6025-012-1 (03590)

Prologue

　배운 것이 있다면, 언젠가는 사용할 일이 있다. 역설적으로 사용할 일이 많은 것은 배워야 한다. 이 세상에 알아서 나쁜 것은 그리 많지 않다. 인간이 사회적 동물인 것은 혼자서는 살기 힘들기 때문이며, 여러 구성원 사이에서 살아가야만 한다. 그 세계에서 조화롭게 살려면 그들과 함께하고 더불어 사는 것을 배워야 한다.

　그 더불어 사는 세상에서 주류문화는 필수불가결의 요소가 된다. 자신이 많이 접해오던 생활패턴에 따라 각 개개인의 주류문화가 고착화 되고, 이는 어느 정도 자신의 수준 또한 정체시킨다.

　예를 들어, 건설현장에서 오래 있던 일부의 분들 같은 경우는 점심시간에 관리자들 몰래 술을 마시던 것이 습관이 되어, 글라스로 소주를 마시는 것을 좋아하며, 매우 급하게 마시고, 양도 많이 마신다. 이러한 음주습관을 가진 사람과 술을 마시면, 곤혹스러울 때가 많은데, 자신의 주량에 맞춰 상대에게도 권하는 습성이 많아서이다.

3면이 바다로 둘러싸인 우리나라는 육류보다는 해산물을 더 선호하는 편이고, 육류도 삼겹살이나 불고기가 세계적으로도 그 맛을 인정받아 가는 추세이다. 이러한 음식 베이스에 소주는 아주 제격이다. 음식 맛도 살리고, 술도 마시고 궁합이 아주 좋다.

그러나 사회생활을 해 보면, 패턴이 바뀌게 된다. 비즈니스 관계에서는 횟집을 가더라도 일식집을 주로 가게 되며, 술도 사케를 마시게 되는 경우가 많다. 호텔이나 레스토랑을 가면, 와인을 마시게 되는 경우가 많고, 말 그대로 접대를 해야 하는 경우에는 살롱에 가서 양주를 마셔야 하는 경우가 즐비하다.

누군가와의 만남은 나를 위주로 하는 것이 아닌 서로에게 부담 안 주는 면에서 상대에 대한 배려에 더 치우쳐야 하기 때문이며, 그 속에서 소위 예절을 지키려면 그 문화를 알고 이해해야 한다.

예를 한번 들어보자. 맞선 자리에 고급 레스토랑에 가서 스테이크를 주문하며, 웨이터에게 "소주는 없나요?"라고 해 보자. 내 건너편에 있던 맞선자와 웨이터는 경멸의 눈으로 당신을 보고 있을 것이다. 와인은 서양의 술일뿐인데, '그것을 뭘 상류문화로 취급하며, 그 예절을 배워야 하나?' 라고 항의를 할 분도 있을 것 같다.

술중에서 역사가 가장 오래되고, 그 안에 주조철학과 문화, 상류층에서 만들어진 예의는 단연 '와인'이고, 이를 부정할 사람은 아무도 없다. 이 책은 당신을 위한 내용이다. 와인에 대해 '그냥 유럽 술 일 뿐이다.' 라고 말 하는 사람이 있다면, 과감히 책을 덮어도 좋다.

필자도 와인에 대해 공부할 때 책을 이용했다. 그 책을 읽어봐서 책을 쓰게 되었다. 분량을 늘이기 위한 필요 없는 이야기를 너무 많이 삽입해 지식을 쌓는데 오히려 혼란만 가중시키고, 불필요한 용어나 와인 메이커 소개로 책의 대부분을 소비하였기 때문이다.

학창시절 공부 잘하는 학우들의 특징은 방대한 양의 참고서에서 엑기스만 뽑아 자신만의 노트를 만드는 친구들이다. 이 책에는 당신이 와인을 알아가는 반드시 필요한 것만 기재하여 충분히 와인을 즐길 수 있도록 구성하였다. 와인의 신세계에 발을 들인 것을 환영한다.

목차

PART 1 // Fact

PART 2 // Sense

PART 3 // Start

PART 4 // Division

PART 5 // Culture

Fact

1. Point

와인에 대한 문화는 알면 좋다. 그러나 와인 전문가가 될 것도 아니고, 모든 와인에 대해 엄청난 박학다식한 지식을 쌓으려면 당신은 고등학교 시절로 돌아가야 할 정도이다. 수천 년의 역사에서 비롯된 주조과정, 만여 종에 가까운 와인 브랜드, 각 나라별 와인 등급 부류 등 실로 방대한 지식이 필요하다. 와인을 취급하는 식당에 가면 평상적으로 두 가지 우를 범한다.

첫째로 와인에 대해 하나도 모르고 가는 것이다. 매장 규모별로 평상적으로 20~50종의 와인리스트를 구성하여 영업을 하고 있다. 보통 소주 2~3종류, 맥주도 2~3종류… 국내 음식을 베이스로 하는 우리 식당의 평상적 주류 종류이다. 이런 메뉴판만 접하다가 와인만 수십 종 안에서 골라야 한다니! 당연히 당혹스러워 진다.

한 연인이 왔다. 남자는 여성에게 드실 음식을 선택하라 하고 와인은 제일 비싼 것으로 달라고 허세를 부린다 치자. 정말 큰 오판이다. 특급 와인들은 100만 원 넘는 것이 허다하다. 결제할 때 손이 떨리는 모습을 내 여인에게 보여주어야 할 일이 생길 여지가 많다. 반대로 "제일 싼 것으로 주세요~"했다가는 이 역시 점수 따기 힘든 주문 방법이다.

두 번째는 와인에 대해 지식만 알고, 그에 따르는 예절은 모르고 가는 것이다. 자신이 아는 지식으로 미팅시간 내내 상대에게 와인에 대한 교육을 하고 있다. 이것 역시 큰 결례이다.

내가 묻지도 않는 것을 상대가 나에게 막 가르친다고 생각해 보자. 기분 별로이다. 와인은 학문이 아니며, 와인에 대해 교육을 해 주려 상대를 만난 것은 더더욱 아니다. 이러한 행동은 매우 부적절한 행동이다. 와인에 대한 상식은 웨이터나 소믈리에를 거치치 않고, 와인리스트를 보며 주문할 줄 아는 것만으로도 훌륭하다.

"저희가 와인을 잘 몰라서요~ 추천 좀 해 주세요~!"하는 말 역시 웨이터를 굉장히 곤혹스럽게 하는 말이다. 추천을 한다면 좋은 것을 해야 한다. 나쁜 것을 추천하는 것은 추천이 아니기 때문이다. 100% 그런 것은 아니지만, 와인은 가격이 나갈수록 맛이 좋다. 웨이터가 30만 원 짜리 와인을 추천했다고 하자. 그냥 수긍하고 주문을 할 것인가?

　와인은 좋은 사람들과 함께 할 때 필요한 요소일 뿐, 경제적 부담을 느끼면서 까지 주문할 이유는 없는 것이다. 중저가의 와인으로도 얼마든지 좋은 분위기를 연출할 수 있다.

　와인리스트가 부실하게 와인명과 가격만 나온 메뉴판을 가지고 있는 업장은 와인 전문 취급점이 아닌 경우가 많다. 와인 소믈리에가 있다면 말이 달라지는데 그러한 곳은 고급호텔 외에는 거의 찾아보기 힘들다.

　크게 분류해서 와인은 나라별 특징이 있고, 여기에 따르는 등급으로 구분하는 것이 제일 편하다. 더 파고들어 각 지역별 와인으로도 구분되는데… 그 말에 앞서 한 예를 들어 보고자 한다.

　매실… 전라도 쪽이 유명하다. 광양매실, 순천매실 등이 있고, 광양 안에서도 다압 매실, 진상 매실도 있다. 자~ 한국인이고 누구나 매실을 먹어본 적이 있다. '다압이나 진상'이라는 동네를 아는 사람이 얼마나 있을까?

　이와 크게 다르지 않다. 와인 각 원산지까지 다 파악하려면, 최소한 유럽 5개국과 미국, 호주, 칠레 등 최소 8개국의 와인 원산지의 동네 이름까지 파악해야 하는데 솔직히 그렇게 까지 할 필요 있을까? 더 나아가 각자의 언어로 라벨에 쓰여 있다.

좀 심하게 표현해서 이 역시 최소 3개 국어를 할 줄 알아야 된다는 것이다. 와인 배우다가 신동 되겠다. 와인에 대해 알아야 할 포인트는 다음과 같다.

- 각 나라별 와인의 특징
- 각 나라별 와인의 등급
- 포도 품종
- 레드, 화이트, 로제, 샴페인
- 와인 예절

이렇게 크게 5가지 범주로 나뉘고, 그 범주 안에서 약 2~3가지로 세분화 되어 알아야 할 지식이 있다. 이 정도면 와인에 생소한 일반인들 수준에서는 거의 박사급이 된다고 해도 과언이 아니다.

2. 포도

와인이름의 구성을 보면 대부분 포도 품종 명을 넣는다. 그러나 또 난관이 있다. 전 세계적으로 24,000종류의 포도가 있으며, 프랑스에서만 와인용으로 200여종의 포도를 사용한다.

아… 이쯤 되면 와인공부를 포기해야 할 수준이다. But 그렇게 많더라도 보통 우리가 마시게 되는 포도 종류는 그리 많지 않으며, 와인 주소비국이 아니다 보니 유명하다는 품종으로 제작된 와인만 수입되기에 각 나라별로 몇 종씩만 알아도 무방하다.

와인에 대해 말하며, 포도품종을 논할 수밖에 없는 이유는 와인이라는 술 자체가 포도를 발효시켜 만들었기 때문이다. 예전 우리나라에서는 적포도, 청포도 밖에 못 먹어봤다. 그러다가 거봉이 나오고, FTA가 각 나라별로 이루어지면서 씨 없는 포도나 외국산 포도가 많이 수입되고 있다. 이 포도들 중 맛이 같은 것이 있었는가?

이처럼 어느 포도로 만드냐에 따라 와인 맛이 달라지며, 어느 와인이 내 입맛에 맞았다면, 다음부터는 그 포도의 종으로 된 와인을 골라 마시면, 레스토랑을 가던, 마트에서 와인을 사던 실패할 확률이 줄어들게 되는 것이다.

각 나라별 주력으로 하는 포도들이 있으니 크게 일곱 나라의 와인만 종류별로 3종 정도, 최소 약 20병 정도만 마셔보면, 나에게는 어느 나라의 어느 품종으로 만든 와인이 나에게 맞는다는 나만의 와인개념이 생겨난다.

냉면집을 가면, "비냉 주세요~ 물냉 주세요~" 하시는 분들이 많다. 8282를 위한 줄임말의 일환일 것이다.^^ 줄임말에 익숙한 한국 사람들에게 기나긴 와인이름을 대하면 어이가 없을 수도 있다. 와인이름이 비슷한 듯 한데 뭐 이렇게 길게 써 놓았나? 라고 충분히 생각된다. 비슷한 이유 중에 하나라고 느껴지는 것이 포도명이나 원산지 명이다.

포도명이 안 나온 와인들도 있는데, 두 종류로 그러한 연유를 파악할 수 있다. 첫째는 와인을 잘 아는 사람은 와인 생산지역과 등급만 봐도 알 수 있기 때문이고, 두 번째로는 여러 품종의 포도를 섞어 만드는 경우가 있기 때문이다.

그렇다면 같은 품종으로 만든 와인은 맛이 다 비슷할까? oh~ no! 이 역시 다르다. 쌀로 막걸리를 만들었다고 해도 맛이 다 다른 이유와 같다.

각 양조장 별로 만드는 스타일이 다르고, 포도수확시기에 따라 맛이 다르게 된다. 더 나아가 숙성기간에 따라 맛이 달라지고, '스테인레스 통에서 발효 시켰냐? 오크통에서 발효 시켰냐?'에 따라 맛이 또 달라진다. 어렵다….

그러나 와인은 큰 범주에서부터 정하고, 점차 좁혀 나가다 보면 어느 정도 윤곽이 잡혀간다. 후딱 빨리 와인에 대해 전부 알려고 하지 말고, 와인과 함께 나이를 먹어간다고 생각하면 좋을 것이다. 수천 년간 와인을 마시던 사람들이 그래왔듯 말이다.

따지고 보면 얼마나 멋진 일인가? 소주는 한 가지 익숙한 맛을 정하면 평생 가기도 한다. 그러나 와인은 이 맛도 다르고, 저 맛도 다르다. 꽤 흥미진진하지 않은가?

3. 와인의 범주

와인은 평상적으로 레드와 화이트로 많이들 알고 있다. 그러나 조금 더 관심을 가져보면 로제와인과, 스파클링 와인도 있고, 와인에 브랜디를 넣어 알콜도수를 높인 주정강화 와인도 있다.

흔히 레드와 화이트에 익숙한 사람은 스파클링을 화이트와인인지 알고 주문해서 마셨을 때 '뭐지?' 하는 궁금증을 유발한다. 그래도 스파클링은 마치 사이다 같이 달달하여 여성들에게는 더 인기가 있다. 그러나 주정강화 와인 같은 경우 모르고 주문했다가 거부감을 느껴 남기는 경우도 많다.

- 스틸와인

스틸와인은 순수하게 포도만을 발효해서 만든 와인을 명칭하는 큰 범주이다. 적포도로 만들면 레드와인, 청포도로 만들면 화이트와인인 것이다.

- 로제와인

국내에는 아직 생소한 로제와인이라는 것도 있다. 흔히 눈으로 마시는 와인이라고 하는데 빛깔이 아름다워서다. 로제하면 프랑스의 '프로방스' 이다. 프로방스? 어디서 많이 들었던 이름이었던 것 같다. 보통 유로풍 집을 짓게 되면 이를 프로방스 형태라고 한다. 둥글둥글한 창들과 지붕에 붉은 스페니쉬 기와를 얹은 집들이 연상된다.

프로방스는 프랑스의 한 지명이다. 지중해와 접해있는 프로방스는 산과 바다 그리고 따스한 햇살을 갖춘 포도를 키우기 매우 적절한 천혜의 땅이다.

그러나 이 프로방스산 로제와인을 마시기는 조금 힘들다. 왜냐하면 고가들이기 때문이다. 앞서 말했듯 국내에서 아직 로제에 대한 인식도 별로 없고, 매니아 층은 오리지널 레드나 화이트를 선호하기에 국내 소비량이 적다. 그래서 보통 한 병에 20만 원 정도하는 프로방스산을 수입하는 곳이 많지 않다. 대부분 국내 유통되는 로제와인은 프로방스 산이 아닌 타 나라의 중저가 로제들이 대다수이다.

로제의 색은 장밋빛~^^ 주조방법은 적포도를 발효시킬 때 색이 장밋빛이 되었을 때 껍질을 벗겨내는 방법과 화이트와 레드와인을 적절하게 섞어 장밋빛을 만드는 경우도 있다.

- 스파클링

스파클링이 뭘까? 쉽게 말해 샴페인이다. 샴페인이 유명해 진 이유는 나폴레옹이 이 샴페인을 즐겨 마셨으며, "승리한 자는 샴페인을 마셔도 좋다!" 라고 하며 군대의 사기를 샴페인과 함께 북돋았다. 샴페인은 프랑스 북부의 한 지명이다. 프랑스 말로 '상파뉴' 영어식 발음으로 '샴페인'인 것이다.

상파뉴 지역은 추운 날씨로 인해 포도를 늦게 수확하기 때문에 발효 시 이스트가 동면에 들어가 당분이 알콜로 전환되는 시간이 짧았고, 봄에 다시 발효가 되기 시작해 탄산이 많이 생성되었다. 이것이 문제였는데 병에 주입했을 때 탄산 때문에 병이 깨져 버렸기 때문이다. 이를 보고 '페라뇽'이라는 수도승이 압력을 견딜 수 있는 지금의 샴페인 병과, 버섯모양의 코르크를 철사로 고정하는 방식을 개발하였고, 이때부터 샴페인이 유명해 지기 시작했다.

프랑스는 자국의 샴페인 브랜드 가치를 보호하고자, 상파뉴 지역에서 만든 와인 외에는 샴페인이란 말을 못 쓰게 하였으며, 국제 협약에 의해 그 어떤 나라의 와인에도 샴페인이란 단어를 사용할 수 없다. 그래서 우리가 알고 있는 샴페인의 맛이 나고 샴페인 방식으로 주조된 와인에게 '스파클링 와인'이라고 명칭하는 것이다.

- 주정강화와인

흔히 포트(port)라고 명칭 한다. 이 역시 포르투갈 지역의 이름이다. 포르투갈에서 만들어지는 주정강화와인에는 포트라는 이름을 쓸 수 있지만, 국제법으로 다른 나라에서는 사용 할 수 없다.

만약 스위트한 포트와인에 거부감이 있는데 알 방법이 없다면, 알콜도수를 보면 짐작할 수 있고, '쉐리, 토니' 라는 이름이 있어도 짐작해 볼 수 있다. 청포도로 만들어진 포트와인을 '쉐리', 적포도로 만들어진 와인을 '토니'라고 명칭 한다. '토카이' 라는 와인도 있는데 이 와인은 곰팡이균에 감염된 포도로 만드는 세계적으로 유명한 스위트 와인이다.

일반적 레드와인은 11~15도 사이로 형성되어 있으며, 포트와인 같은 경우는 15도~20도 사이로 만들어 진다. 그러니 와인에 대한 상식이 별로 없는데 마트에서 와인을 고를 때 도수만 보아도 많은 부분 참고가 된다. 높은 도수와 달콤한 맛을 원하는 사람들도 많아 포트와인도 꾸준한 매니아가 있다.

– 디저트 와인

많이 쓰는 와인 용어 이지만, 디저트 와인이라고 따로 품종이 있거나 등급이 있는 것은 아니다. 흔히 스위트한 와인을 입가심용으로 마시며, 이를 그냥 디저트 와인이라고 하는 것이다.

– 카보네이트 와인

저렴한 와인의 '대명사?' 이다. 발효를 시켜 탄산을 만들어 내는 것이 아닌, 가스를 충진 하여 만들어 낸다. 이 가스 충전방식을 사용한 와인에는 반드시 'Carbonated' 라는 문구를 넣어야 하기에, 이 문구가 보인다면 저가 와인을 원하지 않는 이들은 패스하면 된다.

4. 프렌치 패러독스

온갖 사치품, 디자인의 본고장, 값비싼 음식, 최고급 와인… 이 모든 것을 모두 가진 나라가 있다. 바로 '프랑스'이다. 수많은 매력과 낭만을 가진 동시에 세계적인 미식의 나라로 통하는 나라가 바로 프랑스이다.

대화와 토론을 즐기는 프랑스 사람들의 필수품은 술과 담배이고, 그 소비량이 어마무시 하다. '치즈, 버터, 튀김류, 스테이크' 등 식사 구성 자체 또한 엄청나게 지방질의 음식들이 대부분이며, 한 층 더 해 물마시듯 와인을 마셔버린다.

1979년 '허혈성 심장병'에 대한 역학조사를 하였는데, 18개 선진국의 55~64세의 사람들을 표본 조사한 결과, 심장병 사망률은 와인 소비량이 많은 나라일수록 심장병에 의한 사망률이 낮다는 점이 밝혀졌다. 엄청난 양의 와인 소모국인 프랑스인들이 다른 서구인들보다 심혈관 질환에 의한 사망률이 제일 낮았던 것인데, 이를 가리켜 '프렌치 패러독스(French paradox)'라고 말한다.

이를 집중 연구한 결과, 식사와 함께 물처럼 마시는 와인, 그중에서도 레드와인 때문이라고 밝혀내었다. 레드와인이 혈관 속에 쌓여야 할 콜레스테롤 찌꺼기를 말끔하게 쓸어버리는 것이었다. 적당량의 알콜은 동맥경화증의 위험이 줄어들게 하는데, 와인은 일반 술보다 그 효과가 두 배정도 뛰어났던 것이다.

이는 와인에 함유 된 폴리페놀(Poly phenol)이란 물질 때문인데, 폴리페놀은 포도의 껍질과 씨에 많이 들어있다. 폴리페놀은 오크통에서 숙성시킨 레드와인에 많이 들어있다. 화이트와인에 비해 레드와인을 오랜 기간 보관할 수 있었던 것도, 바로 이 폴리페놀 때문인 것도 밝혀지게 되었다.

폴리페놀은 항산화 물질이며, 항산화 물질은 세포의 노화를 막아주는 효과가 있다. 붕소가 칼슘의 흡수를 돕고 호르몬을 유지하도록 해주기 때문에 노화방지에 탁월한 효과를 보여주고 있다.

더 나아가 레드와인에는 '퀘르세틴'이라는 강한 항암물질이 포함되어 있어 항암효과도 있다. 또한, 협심증과 뇌졸중 같은 질환에도 예방하는 효과가 나타났으며, '칼륨, 소디움, 마그네슘, 칼슘, 철분, 인, 비타민B, 비타민P' 등의 영양성분이 많이 함유되어 있다.

또한, 와인의 성분 중 하나인 '주석산'은 타액 분비를 작용하여 식욕을 촉진시키기도 한다. 그래서 엄청나게 기름진 음식을 먹으면서도 소화장애가 많이 안 생긴다는 것이다. 그러나 반대로 과음할 경우 지나친 위액분비로 인한 역효과도 있으니 뭐든지 정도를 지켜야 한다.

5. 와인의 단점

1. 알콜

모든 술이 그렇듯, 와인 역시 알콜이 가장 치명적인 단점이다. 그러나 와인은 독주가 아니다. 와인보다 독한 '소주, 위스키, 꼬냑, 고량주' 등등에 비하면 안심할 만도 하다. 그러나 진정으로 와인맛을 알아버리면, 술~ 하면 와인 생각만 나게 되는데⋯ 또 하나의 안전장치가 있다.

바로 그렇게 입맛에 맞고 자주 생각나는 와인이라면, 고급들이고, 가격이 좀 된다. 그래서 매일 마시고 싶어도 못 마신다.^^

'하루에 한두 잔씩 나누어 마시면 되겠지~?' 안 된다. 와인은 개봉하는 순간 상하기 시작하는 술이다. 와인은 캔이 없기에 끊어 마시는 술도 아니다. 알콜중독의 시작이 바로 '하루에 한잔만!' 이다. 규칙적으로 먹게 되는 술은 중독의 지름길인 것이다. 규칙을 세우려면 안 마시는 날을 정하는 것이 훨씬 유리하다⋯.

2. 숙취

와인은 포도로 만든 과실주이기에 무기질이 많다. 무기질이 많은 술을 과음하게 되면 다른 술에 비해 심한 숙취가 생긴다. 또한 와인의 알콜도수는 평균 12도~15도를 왔다 갔다 하는데, 이 수준의 도수는 인체에 가장 흡수가 잘 되는 도수이며, 와인이라는 술 자체가 분해가 늦어, 딱 한 잔이라도 음주측정 시 위험하다.

보통 술에 완전 초짜 아니면, 인당 한 병 정도는 알딸딸 하니 기분 좋다. 그러나 그것을 넘어가면, 기분은 좋지만 제어가 안 된다. 그래서 필자의 와인바에서도 인당 한 병 넘어가도록 마시면, 적당히 제어를 부탁드린다.

언젠가, 와인병 이쁜 것들 50병을 모아 멋진 탑을 만들었는데, 완성 하루 만에 두병 드신 여성분께서 깔끔하게 박살 낸 기억이있어서다.^^ 남자분이 자신은 운전해야 한다고 한 잔만 마시고 여성분 혼자 다 마셨으니 혼자 두병은 매우 많은 양이다.

다른 술도 마찬가지겠지만, 와인은 특히 다른 술과 섞어 마시면 안 된다. 보통 입가심 한다고 병맥주 한 두병 더 드시는 분들 많은데, 다음날 눈이 시뻘겋게 충혈 되어 있을 수도 있다. 그래서 와인을 드라큘라 술이라고도 한다.

3. 비싸다

와인은 와인마다 특성이 달라 이것저것 마셔보게 되며, 그러다 와인에 맛을 들이기 시작하면 점점 더 빠져들게 되고, 와인학자가 되어 버린다. 와인 맛을 알았다는 것은 고가의 와인들을 접해갈수록 점점 느끼게 된다.

30여 년 전쯤, 친구들 집에 가보면, 아버지들이 드신 빈 양주병이 진열 되어 있는 집이 많았다. 그 당시엔 양주 마신 것 자체가 어깨가 으슥해 지는 시절이었으니 말이다.

와인도 다르지 않다. 고가의 와인을 많이 접할수록 수집하는 취미가 생긴다. 처음에는 병을 수집하고, 나중에는 와이프에게 혼나서 병 다 버리고, 라벨을 모은다. 그래서 와인 라벨 벗기는 기계가 있을 정도이다. 예전에 우표수집 하는 것과 비슷하다고나 할까?^^

　모든 취미가 그러하듯, 만약 사진에 발을 들이신 분 같은 경우의 패턴은 어떠한가? 처음에는 그냥 간단한 똑딱이 카메라 장만했다가, 사진에 대해 알면 알아갈수록 점점 업그레이드 해 간다. 또한 동호회 활동이라도 할 경우, 사진 스킬은 두 번째가 되고, 고가 장비 장만하는 것에 더 열을 올린다. 와인도 이와 같다. 점점 더 고급을 마셔보고, 수집하고 싶은 욕망 말이다….

　이러다 보면, 어지간한 취미 못지않게 돈이 많이 든다. 반면 와인에 정말 푹 빠진 사람 중에 알콜중독자가 많지 않다. 비싸니 예산을 세워 예산 안에서만 마시는 습관이 자연히 들게 된다. 그러면 '와인 안 마시는 날에는 소주나 맥주 마시면 되지 않을까?' 하고 생각할 수도 있는데 그게 그렇지 만도 않다.

　국산술 애호가들은 고량주를 거의 안 마신다. 마시더라도 약간만 회식이나 모임 등에서 분위기 맞춰줄 정도로만 마신다. 몸에서 안 받기 때문이다. 와인도 그와 같은 맥락이 된다. 와인 역시 중독성 술이기 때문이다.

4. 옷에 묻으면 잘 안 지워진다!

와인을 마시다 흘려 옷에 묻으면 잘 안 지워 진다… 특히 흰옷은 최악이다. 그래서 향을 맡는다고 잔을 격하게 돌리는 행위를 최대한 절제해야 하며, 자리에서 이동 시에도 최대한 주의해야 한다.

화장실 간다고 조심성 없게 일어나 잔을 엎어 타인의 옷에 튀었다면… 아 상상하기 싫다. 와인잔 자체는 손잡이 부분이 텅 비어 있기에 무게 중심이 위에 있다. 그래서 약한 충격으로도 엎어질 수 있다. 주의해야 한다.

5. 복잡하다

복잡한 것이 와인 최대의 단점이라면 단점이다.ㅎ 뭐가 그리 종류도 많고, 품종도 많으며, 맛은 또 왜 제각각인지… 그러나 그게 와인의 매력이다.

소주 마시면서 공부하면서 마시지 않지 않은가? 와인은 문화와 역사에 대해 공부하며, 자신의 미각을 테스트 하며, 와인이라는 주제 하나 만으로 만날 때마다 매일 새로운 이야기를 할 수 있다.

그래서 이러한 와인책을 보고 공부를 조금은 해야 한다. 와인을 좋아하는 사람들과의 만남에서, "나 와인 싫어해요~", "그냥 소주나 마시러 가죠?", "그냥 아무거나 마셔요." 등의 나의 표현은 스스로 자신의 비즈니스 영역을 줄이는 것과 같기 때문이다.

PART 2

Sense

1. 오크통

평상적으로 같은 포도로 만들었더라도 오크통에 발효시킨 와인들이 고가이다. 저가 와인들은 스테인레스 통에서 발효시키고, 한 단계 위는 스테인레스 통에 오크칩이라는 오크나무 조각을 넣어 발효시킨다. 점점 상위 단계로 올라갈수록 오크통발효와 스테인레스 발효된 두 가지 종류의 발효와인을 섞은 와인, 100% 오크통 발효라도, 새로 만든 오크통과 재사용한 오크통의 비율로 가격이 형성된다.

옛날에는 발효시킬 통이 오크통 뿐이 없어서 그런 것 아닌가요? 하고 의문을 품을 수도 있다. 시작은 그랬겠지만, 오크통에서 발효된 와인의 분명한 차이점을 애호가들은 분명히 알고 있다. 그렇기에 새 오크통과 재생 오크통의 사용비율로 와인등급이 정해졌던 것이다. 오크통이 와인에 미치는 영향은 오크향과 어우러져 거칠지 않고 부드러운 멋진 와인으로 변한다.

그렇다고 저품질로 만들어진 와인을 오크통에다 넣는다고 맛이 좋아지는 것도 아니다. 탄닌양도 적고 모든 과정이 적절치 못했던 저가 와인들을 오크통에 넣으면 오크의 강한 향이 와인 자체의 맛을 덮어버린다. 와인이 아닌 오크발효주가 되는 느낌이다. 그러니 처음부터 오크에 넣을 시도를 하지 않는 저가형 하우스 와인들은 정확히 말해 와인을 만드는 모든 과정에서 대량생산을 목적으로 대충 만든 와인이라고 해도 과언이 아닌 것이다.

포도 품종이 그렇게 많고, 와인 만드는 양조장이 그렇게 많다는데 그것을 구분할 수 있냐고 물을 수도 있겠다. 와인 애호가들 중에서도 중고가 이상의 와인으로 맛을 들인 사람들에게 블라인드 테스트를 해도 대부분 안다. 이들에게 저가형 와인들은 몸에서 거부하기 때문이다.

오크통은 주로 유럽종과 미국종으로 나뉘는데 와인을 많이 마셔본 사람은 "이 와인이 프랑스산 오크통에서 만든 것이다."라고 까지 맞춘다.

하지만, 모든 이의 입맛에 고가의 와인이라고 다 맞는 것은 아니다. 오크통에서 오랜 기간 숙성한 풀바디 와인은 살짝 떫은맛이 있고, 무거운 감이 있는데 이를 싫어하는 사람들도 있다. 포트와인도 누구에게는 맞고 누구에게는 안 맞고 하는 것과 비슷하다고 할 수 있다. 고래고기도 일본사람들에게는 최고의 생선이지만, 많은 이들에게는 고래 특유의 향 때문에 거부감이 드는 것과도 같다.

와인을 숙성시키는 오크통은 일반 오크통 제작보다 더 디테일하게 만들어 진다. 여러 가지로 오크통 숙성 와인은 비쌀 수 밖에 없다는 것을 증명이나 하듯 말이다.

와인 숙성 오크통은 그을림(Burn)을 가한다. '라이트, 미듐, 헤비' 라는 세 가지로 구분되는데 어느 단계의 열을 가한 통에 숙성했느냐에 따라 같은 양조장 내 와인이라도 맛이 바뀌게 된다. 이 그을림 작업들은 아직도 수작업으로 이루어지고 있다. 오크통 숙성와인들이 가격이 높은 이유 가 여러 요소에 존재하는 것이다.

이 와인이 어떤 와인임을 밝히는 라벨을 보면 오크통 숙성이 아닌 오크향이라고 되어 있는 것들은 오크칩이나 오크가루를 사용한 제품이라고 생각하면 된다.

2. 코르크 마개

와인하면 연상되는 것 하면 무엇이 있을까? 긴 목의 병과 와인잔, 오크통, 그리고 코르크마개로 보통 떠오른다. 코르크 마개는 보관상의 문제 때문에 요즘은 스크류 마개로 많이 바뀌는 추세다. 전통적인 방식을 좋아하는 전문가들은 참 탐탁지 않아 한다. 코르크나 와인오프너는 어찌 보면 와인을 마실 때 느낄 수 있는 또 하나의 멋이기 때문이다.

와인은 오크통 숙성도 있지만, 병속에 담겨져 있을 때도 코르크를 통해 소량의 공기가 들어가서 보다 더 훌륭한 와인숙성에 도움을 준다고 생각하는 전통을 고수하는 양조장들이 아직 많다.

갑자기 스크류캡이 더 좋다고 주장하고, 바꾸려 하는 이유 중에 하나가 보관문제이다. 저가형 와인이 많이 나오고 생산설비의 대형화 때문에 대량으로 쏟아져 나오는 물량을 전통방식으로 보관하기 점점 더 어려워진 것이 이유 중에 하나다.

코르크로 밀봉된 와인은 눕혀서 보관해야 한다. 수개월 정도야 상관없지만, 계속 세워서 보관하는 와인은 코르크가 바짝 말라버리게 된다. 마른상태로 오랜 기간 보관된 와인에게 생기는 문제점은 말라버린 코르크마개로 공기가 더 잘 유입되어 와인이 숙성이 아닌 산화되어 버린다. 산화되어 버린 와인은 코르크가 약간 위로 솟아 있다. 못 마실 와인이 되어 있다는 말이다.

또 말라버린 코르크는 병을 개봉할 때 코르크 마개가 부서지는 경우가 많다. 그래서 레스토랑에 가 보면 웨이터나 소믈리에가 와인을 따라주는 경우라도 항상 코르크 한쪽이 젖어 있는 것을 확인시켜 준다. 서빙만 원한다면, 개봉한 코르크를 살짝 다시 꽂아 놓던지 하는 방식으로 코르크를 확인하게끔 하여 준다.

유럽의 전통적인 와인 양조장들은 병에 담아 보관하는 기간이 4~50년 가까이도 가능하다. 와인의 가치를 극대화하기 위한 보관법이고 이렇게 장기간 숙성된 와인들의 가치는 양조가문의 명예나, 그 해 포도상태 등을 고려해 한 병에 1,000만 원을 넘는 것들도 있다.

그냥 보관만 하는 것 또한 아니다. 전통방식으로 뉘여서 보관을 한다 하더라도, 코르크 상태에 따라 산화되는 와인도 있을 것이고, 코르크 마개의 수명을 평상적으로 20

여년 전후로 본다. 그래서 꾸준히 산화되는 와인이 있는지 관찰하고, 주기적으로 코르크를 교체하는 작업을 한다. 교체 과정에서 조금이라도 변질된 와인은 폐기한다.

그러니 50년산 와인이면, 예를 들어 100병을 숙성하고 있었다면, 얼마만큼의 와인이 중도 탈락하게 될까? 이러한 명품 와인들은 50년 동안 관리를 꾸준히 했다는 것이니 그 가치가 매우 높게 되는 것이다.

잊을 만하면, 해외토픽에 지하창고에서 수백 년 된 와인이 발견되었다는 뉴스를 보게 된다. 상징일 뿐 그렇게 관리되지 않고, 방치되다 시피 되었던 와인들은 대부분 마시지 못한다. 와인은 땅에 묻혀 있었던 몰랐던 금이 아닌, 오래 보관하는 만큼 정성과 사랑을 주어야 그 값어치를 스스로 높여가는 살아있는 술이기 때문이다.

3. 와인병에 따른 구분

　와인바에 갔을 때 와인리스트가 자세히 나온 곳이 있다면 금상첨화겠지만, 와인이라는 술이 소주 같이 않게 수시로 단종되고 새로운 제품이 나오기 때문에, 매장에 어떠한 와인이 다 소진되었는데 재주문 하면 단종이 되어 있다. 그럴 때 마다 와인리스트 전체 메뉴판을 바꿔야 하니 곤혹스럽지 않을 수 없다.

　그렇기 때문에 전문 와인바가 아니고는 자세하게 와인에 대한 설명이 나온 리스트북을 가지고 있는 매장은 거의 없다. 그렇기 때문에 대부분 가격대를 보고 고른다던지, 웨이터에 의지하기 마련이 된다. 그러나 쇼핑을 갔을 때는 최대한 내 취향에 맞게 고를 수 있다. 병 모양만 보고 말이다.

　와인병이 제각각 인 이유는 옛 유럽에서 각 지역별로 병 모양이 달랐기 때문이다. 그래서 병모양만 보고 아! 이것은 어디 와인이구나 하고 알 수 있고, 거기에 가격대를 보면 '몇 등급 정도 되겠구나~' 하고 큰 범위 내에서 추측할 수 있는 것이다.

'샴페인이냐? 레드냐?' 등의 큰 범주 내에서 조금 더 쉽게 고르는 방법도 있는데 그것은 와인병 모양을 보고 고르는 것이다. 화이트와인병이나 레드와인 병 이렇게 구분되지는 않는데, 화이트와인이나 로제 와인은 대부분 투명색 병이나, 연한 녹색 병에 담겨져 있다.

더 근본적으로는 병에 붙은 라벨을 볼 줄만 안다면, 70% 이상은 내가 원하는 와인을 쇼핑할 수 있다. 그러나 말이 쉽지 친절하지 않은 라벨표기만 보고는 현실적으로 고르기 쉽지 않다. 그 이유는 후반부에 라벨 보는 법을 설명하며 기술하고자 한다.

1. 보르도 바틀(Bordeaux bottle)

프랑스 보르도 지역의 병 모양이고, 가장 일반적으로 많이 알고 있는 모양이다. 보르도 와인의 특성에 따라 이러한 병모양을 하고 있는 와인은 달지 않고 드라이한 와인이 많다.

2. 샴페인 바틀(Champagne bottle)

샴페인병은 탄산가스로 인해 코르크 마개가 튀어나오는 것을 막기 위해 철사로 고정되어 있다. 개봉해 보면 다른 와인코르크와 달리 버섯모양의 코르크로 되어 있고, 이 병에 담긴 와인들은 샴페인이나 로제 류가 많다.

3. 아이스 바틀(Ice bottle)

독일에서 주로 생산되는 달콤한 디저트 와인이다. 375ml의 좁고 긴 병이기에 육안으로 금방 알 수 있다. 달콤한 와인을 찾는 사람과 싫어하는 사람은 이 병 만큼은 알아야 실수가 없다.

4. 부르고뉴 바틀(Bourgogne bottle)

보르도 병과는 비슷하지만 병목 아래 어깨 부분이 보르도병과 차이를 보인다. 프랑스 부르고뉴 지방의 와인병인데 이 지역 와인의 특성은 타닌이 강하지 않고, 부드럽다. 초보자 중 보르도 와인을 즐겨 마시던 사람이 이 와인을 마셔보면, 부드러운 맛에 오해로 "싼 와인인가?" 하는 오해도 종종 하는데, 부르고뉴 지역 와인의 특색 일 뿐이다.

5. 론 바틀(Rhone bottle)

보르도 병에 비해 몸통이 통통하다. 프랑스 론 지역의 병이며, 이 지역 와인의 특색은 약간 떫은맛을 느낄 수 있으며, 좀 고상하게 표현하면 묵직한 맛을 느낄 수 있다.

6. 알자스 바틀(Alsace bottle)

어깨가 좁고 길쭉한 형태를 하고 있으며, 대부분 화이트와인이 담겨져 있다.

7. 포트 바틀(Port bottle)

평상적으로 주정강화와인인 포트와인들이 담겨 있다. 흔히 보면 와인병과 달라서 '양주가 담겨 있는 병인가?' 하는 오해도 일으키게 일반적인 병처럼 생겼다.

8. 프로방스 바틀(Provence bottle)

프로방스란 프랑스 남동부의 지중해 해안선 지대와 이에 접한 내륙지역을 가리키며. 이 지역의 병이다. 주로 로제나 화이트와인을 많이 담는다. 병모양은 여성의 곡선미를 연상시키는 병이다.

9. 복스보이텔 바틀(Bocksbeutel bottle)

이 병은 한 번 보면 절대 잊지 않을 병이다. 둥글납작하고 우리가 흔히 아는 와인병에 대한 인식을 깨기 때문

이다. 독일 프랑켄 지방의 전통 화이트와인병이며, 오래전
부터 사용해오던 포르투갈의 마테우스 로제 와인을 제외하
고는 이병을 와인병으로 사용할 수 없다. 평상적으로 고가
의 화이트와인들이 많다.

4. 와인잔

이제 병 모양에 대한 구분을 알았으니, 잔은 또 왜 제각각으로 생겼을까? 하는 궁금증도 알아야 할 것이다. 잔 모양이 다른 이유는 병 모양이 지역별로 다른 것과 크게 다르지 않다. 그러나 '무슨 와인은 어느 잔에 마셔야 하고~' 등의 공식은 없다. 맥주잔에 마신다 하더라도 와인맛은 변하지 않는다. 다만 격식과 예절일 뿐이라 해도 과언은 아니다.

유럽에 가보면 옛날집들이 참으로 아름답다. 현시대의 디자인이 이를 따라가지 못하며, 오히려 프로방스 등의 이름을 붙여 현재 국내에도 유럽풍 모양의 전원주택 모습을 지으려 하는 것만 봐도 알 수 있다.

와인잔들은 공통적으로 긴 목형태의 손잡이로 되어 있다. 보통 손에서 전달되는 열을 차단하여 와인의 온도를 보호한다고들 하는데 거의 억측이다. 손이 난로도 아니고 손의 온도 때문에 와인맛이 변한다라니… 이 주장보다는 디자인적인 측면이 더 강한 것이다.

와인잔들의 공통적 형태는 밑부분이 넓고, 마시게 되는 립부분이 좁다. 향기를 모으려 하는 원리이다. 중국의 차 문화는 향차이다. 보이차 등은 향 보다는 맛을 논하지만, 철관음이나 자스민 등은 향을 더 중시 여기고 고급의 철관음 같은 경우 인위적이지 않은 매우 훌륭한 향을 느낄 수 있다. 뜨거운 물에 갓 우러난 향만 맡기 위해, '문향배' 라는 찻잔과 함께 사용한다. 와인잔이 위에가 좁은 것도 이러한 맥락과 같다.

1. 샴페인 잔

샴페인 잔은 좁고 긴 형태의 잔으로 보통 쓰인다. 샴페인은 탄산기가 빠지면 화이트와인도 아니고, 설탕물도 아닌 애매한 맛이 된다. 좁고 긴 형태의 샴페인 잔은 탄산기포가 날아가는 것을 최대한 잡아주는 역할을 한다. 다른 와인잔은 몰라도 샴페인잔 만큼은 따라주는 것이 좋다. 입구가 가장 큰 일반 레드와인잔에 샴페인을 따라보면 금방 알 수 있다.

2. 포트와인 잔

알콜 강화 와인인 포트계열의 잔들은 일반적 우리가 보던 와인잔의 반 정도 밖에 안 된다. 이러한 이유는 알콜 도수가 높기 때문이라고 봐도 된다. 세계 어느 나라나 알콜 도수가 낮을수록 잔이 크고, 높을수록 잔이 작다. 그러한 연유로 포트와인잔은 잔이 작은 것이다.

3. 브르고뉴 잔

프랑스 브르고뉴 지역의 잔 모양이다.

4. 보르도 (화이트와인 잔)

화이트와인 글라스는 둥근 형태를 많이 취하고 있고, 레드와인잔보다는 조금 작게 제작된다. 프랑스 보르도 지역의 잔 형태로 우리가 가장 쉽게 접하는 형태이다.

5. 보르도 (레드와인 잔)

레드와인잔은 와인잔 중에 가장 크다고 생각하면 되고, 튜울립 형태로 하단 부분이 넓직한 것이 많다.

더 세분화 하여 보통 7종류로 나뉘지만 잔에 대한 용도는 이 정도만 알아두어도 무방하다. 집에서 마시더라도 정말 매니아가 아닌 이상 이 모든 잔들을 구비해 놓는 것도 쉽지 않고, 와인위주의 정말 고급 레스토랑이 아니라면, 평상적으로 화이트잔으로 서비스 되기 때문이다. 포트 와인을 주문했는데, 화이트와인 잔이라고 바꾸어 달라고 할 것인가? 그 와인에 맞게 자신이 적절하게 따라 마시면 되는 것이다.

와인잔만 전문으로 만드는 명가들이 있다. '리델, 슈피겔라우' 라는 회사의 와인잔들을 알 주는데, 좋은 잔들일 수록 매우 얇다. 일반 저가형 잔과 이 고급 잔들은 건배만 해봐도 바로 알 수 있다. 부딪히는 영롱한 소리가 저가 잔들과는 비교도 안 된다. 그러나 이 잔들 역시 고급 집 아니면 거의 서비스 되지 않는다. 이유는 잔 하나가 저가 와인 가격을 훌쩍 뛰어 넘기 때문에 불미스러운 일로 잔을 깨거나 하면 서로 곤욕스럽기 때문이다. 그러나 집에는 소장하고 있다가 와인 마실 때 사용하게 된다면, 정말 잔 하나 만으로 많은 분위기가 살아난다.

5. 와인 소품

1. 아이스 버켓

와인 붐이 일어났던 시절에 와인과 관계된 소품들도 많이 등장했다. 대표적인 것이 와인셀러 와인냉장고이다. 레드와인은 실온에서 마셔도 크게 상관없고, 오히려 차게 마시면 맛이 반감된다. 와인별 적정온도는 다음과 같다.

1. 풀바디 레드와인 16~20도
   까르베네 소비뇽, 메를로, 쉬라즈, 말벡

2. 라이트 바디 14~16도
   피노누아, 보졸레, 끼안티

3. 화이트와인
   10~14도

4. 샴페인, 스파클링
   6~10도

그러나 와인셀러를 구비하지 못한 사람들에게 실온에 보관되어 있던 것을 갑작스럽게 이 온도까지 낮추는 것은 쉽지 않다.

그래서 와인쿨러가 등장했다. 큰 아이스 버켓에 얼음을 잔뜩 담아 와인병을 꽂아 두는 멋스러운 쿨러부터 쿨러를 냉동고에 넣어 뒀다가 사용하는 쿨러도 있다. 그러나 솔직히 크게 의미가 없는 것이 고급 레스토랑 아니면 이러한 쿨러를 제공하지 않으며, 고급 레스토랑 역시 평상적으로 저가형 와인에게는 제공하지 않는다.

저가 와인 팔아서 남는 돈보다, 그 세팅을 해 주는 봉사료도 안 나온다. 그러므로 옆 테이블에 고급 아이스버켓이 나왔더라도 우린 왜 안 주냐고 웨이터를 불러 질책하지 말자.

집에서는 얼음의 공급문제도 있고, 아이스버켓이나 냉동실에 넣어 두는 쿨러 역시 크게 필요치 않다. 와인이 15도 까지 내려갈 동안 기다릴 것인가? 그냥 눈요기 하는 와인소품이라고 생각하는 것이 편하다.

유럽 산지에서도 이러한 소품들은 그냥 소품들일 뿐이고, 레드와인은 거의 실온상태에서 보관 된 것을 마시고 있다. 차가운 온도에서 제 맛을 발휘하는 화이트와인이나 샴페인 같은 경우에는 얼음을 한 두 조각 넣어 마시는 것이 일반적이다. 와인의 맛이 변한다고 거부하는 사람들도 있지만, 그 정도로 민감한 고가의 와인을 마시는 사람들 집에는 셀러나 버켓이 다 구비되어 있을 것이다. 레스토랑 역시 셀러에서 적정 온도로 알아서 보관하고, 요청하지 않아도 알아서 아이스버켓이 나올 것이다.

실온에서 보관된 와인을 차게 마시는 방법 중 제일 간단한 것은 레드와인은 얼음 한 조각, 화이트와인이나 샴페인, 그리고 로제와인은 두 조각~ 이게 제일 간단하고, 실용적인 방법이다.

가정집일 경우 얼음이 장시간 냉동실에 있는 경우가 많은데, 온갖 냉장고 잡내가 얼음에 배어 있다. 가정집에서는 이 역시 권하지 않고 싶다. 마시게 될 경우 레드와인은 그냥 마시고, 화이트와인은 파티하기 한 두어 시간 전 냉장고에 넣어 놓자.

2. 디캔더

디캔더는 입구가 좁고 내부가 넓은 호롱 모양을 하고 있는 소품을 말한다. 맛이 강한 와인의 경우 디캔딩 작업을 통해 와인이 공기에 닿는 시간을 이용 해 맛을 부드럽게 바꾸는 역할을 한다. 이를 에어레이션(Aeration)이라고 한다.

또 다른 목적으로 병을 따다가 코르크가 부러져 병속으로 들어갔다거나, 병에서 발효과정을 거치는 와인의 경우 찌꺼기가 있다. 이를 거르기 위해 디캔더에 옮기며 찌꺼기를 1차적으로 거르고, 2차적으로 대부분 투명하게 만들어진 디캔더에서 찌꺼기를 안 나오게 따르는 것이 더 유용해 진다. 디캔더의 역사는 와인과 함께 해 왔다. 귀족들은 야외에서 마시게 될 경우를 제외하고는 테이블에 와인병을 올려놓은 세팅은 없었다. 가문의 문장이 새겨진 앤티크 디캔더와 글라스들을 사용했다. 디캔더는 이처럼 공기접촉이나 찌꺼기 거르는 용도 외에 멋을 추구하는 목적이 더 있었다.

양조기술이 발달해서 현재의 와인들에게서 찌꺼기는 거의 찾아 볼 수 없다. 그래서 전문가들 사이에서도 "디캔더를 사용해야 하나?" 하는 의구심이 많이 들고 공론화가 되기도 했었다. 그 정도로 에어레이션은 모든 와인 맛에 큰 변화를 주지 않는다는 말이기도 하다.

오히려 타닌 성분이 적은 '키안티, 피노누아, 리오하' 와 같은 와인들에 디캔딩하면 오히려 맛이 떨어진다. 디캔딩하는 목적이 향을 잘 발산시키려는 것이다. 그래서 디캔더에 오랫동안 놔두면 좋은 와인 같은 경우 향이 빨리 발산되어 시간을 두고 마시는 자리라면 오히려 마이너스가 되는 것이다.

디캔딩은 탄닌 성분이 많고, 오크통 숙성과정이 길었던 풀바디 와인들에게는 적절하다. 다시 말해 저가형 와인에 에어레이션을 한다고 해서 맛이 좋게 바뀌지 않는다는 것이다. 다만 멋으로 분위기를 띄울 때는 더할 나위 없다. 차게 마셔야 하는 화이트와인의 경우에는 디캔딩의 필요성이 더 떨어진다.

와인바에 가서 옆자리에 사람들이 디캔더를 이용해 와인을 마시고 있더라도 "우리는 왜 저거 안 해 줘요?"라고 하면 안 된다. 위 설명대로 그들은 디캔딩을 하여 맛을 극대화 시킬 수 있는 고급 와인을 마시고 있을 확률이 높기 때문이다.

자신은 디캔딩이 필요 없는 저가 와인을 주문하고, 이를 요구하면 와인바 측에서는 당혹스러워 진다. 디캔딩도 서비스이고, 와인가격에 다 포함되어 있기 때문이다. 또한 오히려 맛이 떨어지는 품종의 와인을 시키고, 그러한 예비 상식 없이 디캔딩을 요구하면, 스스로 '난 와인 하나도 몰라요~' 하고 자백하는 것과 다르지 않다.

디캔딩을 원하는 이 중에 아이스버켓을 달라고 해서 샤우팅이라는 작업을 해 달라는 사람도 있다. 와인을 순간적으로 버켓에 부은 후 재빨리 디캔터에 옮겨 와인을 차게 만드는 것인데, 이 작업은 솔직히… 마셔보면 아무리 빨리 옮겨 담는다고 해도 와인도 아니고 얼음물도 아닌 니맛도 내맛도 아닌 와인맛이 되어 있다. 이는 전통적인 방법도 아니고, 왜 이런 행위를 하나 모르겠지만, 삼가자.

3. 세이버

와인은 와인바에서 키핑해 주는 기간이 보통 일주일이고, 잘 해 주지도 않는다. 이유는 와인은 개봉하는 순간 상해가기 시작하며, 그 최대 기간을 7일로 잡기 때문이다.

개봉한 와인은 산화되기 시작해 신맛이 강해지며, 향이 크게 줄어든다. 이를 방지하기 위한 소품이 와인세이버(진공 펌프)인데 이 역시 그래도 7일 안짝이다. 결론은 개봉한 와인은 다 마시던, 요리 부재료로 쓰는 것이 맞다는 이야기다.

더 나아가 와인바 등에서 남겼다면, 포장해 달라고 해서 집에서 며칠 안에 다 마시자. 와인을 키핑 해 달라는 것은 와인에 대한 문화를 모른다고 스스로 밝히는 것이니 말이다.

남은 와인을 수일 내로 마실 것이 아니라면, 남은 와인의 가장 좋은 사용법은 바로 목욕할 때 쓰는 것이다. 와인에 함유된 '폴리페놀'이라는 성분이 피부를 탄력있고 윤기있게 가꾸어주기 때문이다.

와인을 비롯한 대부분의 주류는 혈액순환을 돕기 때문에 몸이 차거나 순환이 잘 안 되는 분들에게 좋다. 알콜이 가진 주 특징인 휘발성은 피로를 빨리 풀리게 해주고, 피부에 수분과 윤기를 더해주기 때문에, 기미나 주름, 노화 방지 등의 효과가 있다는 것이 정설이다. 통목욕을 하기 번거롭고 물이 아깝다면 족욕이나 세안도 무방하다.

4. 오프너

　가정에서 필요할 때는 오프너는 좌측의 윙 스크류 (Wing corkscrew)가 제일 편하고 실수도 없고 편하다. 다만 저가 제품은 나선부분의 간격이 코르크와 최적화 되어 있지 않은 불량이 많아 쉽게 코르크가 부서지니 이왕 구매하려면 좋은 것으로 구매해야 한다.

　우측의 소믈리에 나이프(Sommelier knife)는 소믈리에가 고객의 탁자 앞에서 오픈을 편하게 하기 위해 심플하게 만들어진 제품이다. 휴대하기도 개봉하는 것도 편하기는 한데 이 역시 저가 제품을 사면 몇 번 쓰지도 않고 지렛대 부분이 벌어져 쓸 수가 없으니 구매에 신중하자.

PART 3

Start

1. 호스트 테이스팅

와인 에티켓 중 '호스트 테이스팅(host tasting)'이라는 과정이 있다. 그 모임의 주관자나 와인을 주문한 사람이 와인을 간단히 시음해서, 와인의 이상 여부를 확인하는 의례적인 절차를 말한다.

일단 선택한 와인을 개봉 후 한 모금이라도 마시고 단지 취향에 안 맞는다고 교환해 달라고 하는 등의 말은 절대 삼가야 한다. 교환은 와인이 변질 되었을 때 요청하는 것이지 내 취향에 안 맞는다고 교환하는 것이 아니다.

그렇다면 정석적 호스트 테이스팅은 언제 하는 것일까? 그 매장의 와인리스트가 너무 간소해서 와인에 대한 정보를 알 수 없다면, 어쩔 수 없이 웨이터나 소믈리에의 말에 의존해야 한다. 고가로 올라갈수록 빈티지(생산년도) 역시 중요해 진다. 같은 브랜드라도 빈티지에 의해 가격 차이가 나니 말이다.

2010년산을 주문했는데 2013년산이 서빙 되었다면, 당연히 교환하는 것이다. 정석적으로는 웨이터가 테이블에

와서 생산년도와 고르신 품종이 맞는지 확인하고 오픈을
한다. 고급 레스토랑에서 고가의 와인들을 서빙할 때는 필
수지만, 대부분 중저가 식당에서는 와인 종류도 뻔하기에
보통 오픈을 한 후 서빙 해 온다.

  그렇다면, 코르크를 확인해야 한다. 코르크도 없이 서빙
했다면, 그 매장은 정말 와인에 대한 상식 자체가 없는 것
이다. 스쿠류캡 같은 경우는 어쩔 수 없지만, 코르크 마개
는 함께 서빙되는 것이 원칙이다. 코르크의 한 면이 젖어
있는 것을 확인시켜 주는 것인데, 병을 세워서 보관하거나
해서 코르크가 말라 있는 것을 취급하는 매장은 보통 이
과정을 생략한다.

  코르크 냄새를 맡았을 때 곰팡이 냄새가 심하게 나거나
코르크가 바짝 말라있다면, 교환해 달라고 해도 매장에서
는 할 말이 없다. 그런 것도 모르는 매장이었을 때 와인이
상하지만 않았다면, 그냥 마시고 다음부터 가지 말자. 같
이 간 사람들과 와인 하나 때문에 분위기를 깰 필요는 없
으니 말이다.

  크르크 냄새를 맡았을 때 약간 이상한 기분이 들었고,
시음을 해서 맛을 보았을 때 '정말 상했구나!' 라는 느낌이
오면, 교환 요청을 하는 것이다. 솔직히 이때부터는 약간
골치 아파진다. 고가의 와인일수록 소환되는 사람이 많아

지기 때문이다. 내 지인들, 웨이터, 지배인, 소믈리에 등이 소환되어 정말 상한 것인지? 이 품종의 와인이 원래 이런 것인데 이 사람이 진상을 부리는 것인지? 판별해야 하기 때문이다.

만약 교환의사를 표현할 때는 정확히 이 와인에 대한 결점을 말해야 한다. 그러려면 어느 정도 와인 지식과 내 공이 있어야 하니 힘든 일이다. 그래서 와인을 즐겨 마시는 사람이라면, 보통 단골 매장을 정해놓고 이용하는 경우가 많다.

그리고 와인 맛에 별 이상이 없다면, 옆에서 내 입만 쳐다보고 있는 웨이터에게 '좋다' 라는 표현을 명확히 해야 한다. 그래야 웨이터가 자리를 떠서 자기 볼 일을 본다. 웨이터라는 단어의 뜻은 '기다리는 사람' 이라는 뜻이다. 내가 결정하기 전까지 웨이터는 기다린다는 것을 꼭~ 잊지 말자!

참고로 원래는 소믈리에라고 해야 맞지만, 웨이터라는 단어를 많이 쓴 이유는, 와인전문 소믈리에가 있는 매장이 거의 없어서이며, 국내에 소믈리에 자격증은 각각의 단체에서 발급하는 민간자격증이지 국가공인 자격증이 아니기 때문이다. 외국에서 와인소믈리에 자격증을 취득하고 온 전문가는 더더욱 찾아보기 힘들다.

소믈리에는 프랑스어로 '맛을 보는 사람' 이라는 의미가 있다. 와인 전문 소믈리에는 음식은 서빙하지 않으며, 와인 주문만 받고, 오직 와인만 서빙하며 대부분 매니저급 이상의 고참들이다. 영어권에서는 '와인 웨이터 or 와인 스튜워드'라고 불리기도 한다.

2. 테스팅

1. 서빙

와인이 서빙 되고, 이제 지인들과의 자리이다. 이제 테이블 예절을 조금 알아야 할 때가 왔다. 보통 고기집을 갔을 때 서빙하는 아줌마들이 가위질을 와서 계속 해 준다. 안 그런 집도 많지만, 대형 고기집이나 프랜차이즈 고기집 같은 경우는 고객 서비스 차원에서 많이 해 준다.

이럴 때 내 지인들 사이에 외부인이 와서 테이블에 붙어 일을 하고 있으면, 대화가 끊기기도 하고 어색하기도 하다. 그래서 이러한 서비스를 좋아하는 사람도 있지만, 싫어하는 사람도 많다.

외국 같은 경우를 보면, 인원수가 많을 때는 웨이터들이 보통 잔을 채우지만, 소수라면 병을 놓고 가라고 하고, 직접 손님들에게 잔을 채워주는 경우가 많다. 술이라는 것이 상대에게 따라주는 것이 친절함과 우대의 표현이기 때문이다.

그래서 우리나라도 누가 혼자 자작을 하면, '아이 이 사람이?' 하면서 술병을 뺐던지 술잔이라도 툭 건드려 주는 것이다. 와인은 비교적 고가이고 대량으로 마시는 술도 아니며, 한 병 큰 것 같아도 보통 5~6잔 정도 나오게 잔에 따르기 때문에 상대에게 따라 줄 기회가 더 적게 된다.

보통 첫잔 따라주고, 새로운 와인을 시키기 전까지는 자주 따라 주거나, 건배를 자주 요구하지도 않아야 한다. 와인은 외국 술이고, 거기에 맞는 문화를 따라 해야 더 빛이 난다. 테이블 와인 문화에서는 각자 원하는 주량만큼 따라 마시는 것이다.

2. 시각

이제 잔을 돌렸고, 마실 때다. 마시기 전 보통 눈으로 보는 와인이 시작된다. 내가 고른 와인이 잘 고른 것인가 하는 목적으로 높이 들어 쳐다보고, 이리저리 흔들어 보고, 하는 과한 행동은 그리 아름답게 보이지 않는다. 최소한의 동작으로 와인을 감미하자.

3. 향기

처음 와인을 잔에 따라 입 앞에 가져갔을 때 올라오는 풍미를 느끼는 과정이다. 와인을 공기와 섞이게 하고, 향기를 극대화 하려는 목적으로 와인잔을 돌리는 모습을 자주 볼 수 있는데 이것도 적당히 해야 한다. 돌리다가 와인이 잔 밖으로 튀어 나와 식탁을 더럽히는 경우도 있고, 엄청나게 소용돌이 치게 돌린다 해서 향이 극대화 되는 것은 아니다. 무거운 행동이 가장 중후한 행동이다.

와인을 너무나도 사랑하는 애호가들에게는 욕을 먹을 수도 있는 말인데… 보통 와인을 소개할 때 각종 수십 종류의 향이 난다고 품종별로 정의가 되어 있다. 그래서 사람들도 '버터향, 땅콩향, 초콜릿, 후추향이 난다.' 등의 표현을 자주 쓰기도 한다.

어찌 보면 참으로 억지스러운 주장이라고 생각한다. 화이트와인 품종인 세미용 같은 경우는 잔디향이 난다하고, 템프라니오 같은 경우 버섯향이 난다고 한다. 잔디향이 무엇이고? 버섯은 표고버섯도 있고, 송이버섯도 있는데 무슨 버섯 향이 난다고 하는 것인가? "향이 참 좋네요~" 이 정도의 표현이 그 자리를 아름답게 만든다.

4. 맛

와인에서 맛을 표현하는 것은 '산도, 타닌, 바디감'을 논하는 것이다.

[산도와 타닌]
- 화이트와인의 경우
산도의 강중하에 따라 '드라이, 산뜻, 달콤' 으로 구분한다.
산도가 낮을수록 달고 낮은 도수의 와인이 많다.

- 레드와인의 경우
타닌 성분의 강중하에 따라 씁쓸한 맛과 부드러움으로 나뉘는데 타닌 성분이 많을수록 씁쓸하다.

[바디]
입안에서 느끼는 중량감을 말한다. '풀, 미듐, 라이트' 로 나뉘며 입 안에 꽉차는 듯한 느낌을 풀바디, 가벼운 느낌을 라이트바디라 한다.

와인 맛을 음미한다고 입 안에서 가글 하듯이 하는 분도 있는데, 상대에게 매우 큰 불쾌감을 주는 행위이다. 이는 와인맛을 느끼려면 혀에서 최대한 굴려야 한다는 것 때문에 그런 행위를 오바해서 하는 것인데, 이것도 티 안나게 적당히 하는 것이 좋다.

'기화작용을 통해 향을 증진시킨다.'고, 라면 먹는 것처럼 공기와 함께 후루룩 소리 내는 분도 있다. 이 역시 아름다워 보이는 행동은 아니고, 오히려 상대에게 불쾌감을 주는 행동이 될 수도 있다.

5. 피니쉬

피니쉬는 어찌 보면 나에게 맞는 와인이냐 아니냐를 결정짓는 최종 평가이다. 사람도 처음보다는 끝이 좋아야 하는 것처럼 말이다. 와인을 마시고 입안에 머무는 와인의 느낌이나 길이를 말한다.

이상의 와인테스팅 과정에 대한 필자의 설명은, 누구에게는 약간은 부정적으로 들릴 수 있다. 그러나 이렇게 말하는 이유는, 대부분 저가 와인에서는 이러한 과정 자체가 의미 없기 때문이다. 슈퍼카 옆에서 경차가 엑셀을 밟아 배기음이 좋으니 나쁘니 하는 것과 다르지 않다.

적나라하고 냉정한 와인 평가는, 와인 애호가들 중에서도 경제적으로 넉넉한 이들이 고급 와인만을 마시기 위한 모임을 가진 자리에서 하는 그들만의 리그라고 생각하는 것이 좋다. 와인 보다 내 앞에 앉아 있는 사람에게 집중하고, 와인은 소모품이라 생각하자.

  와인에 대한 음미는 정도껏 하고 각자의 이야기에 집중하는 것이 훨씬 훌륭하고 상대에 대한 배려이다. 상대는 와인 품평회에 온 것이 아닌 나를 보러 온 손님이기 때문이다.

  롤스로이스 경영진에게 기자가 질문했다. 자율운행장치를 롤스로이스에 언제쯤 적용시킬 것인지 말이다. 그러자 롤스로이스 대표자는 다음과 같이 말했다.

  "그러한 검증되지 않은 장치에 공을 들이느니 차라리 재떨이 디자인에 더 신경을 쓰겠습니다. 왜냐하면 우리 롤스로이스를 가지고 있는 고객 중에 운전기사가 없는 고객은 없으며, 자율운행장치에 대해 질문하는 고객은 단 한명도 없었기 때문입니다."

  이것이 그들만의 리그를 대표적으로 확정하는 말이다. 그렇다고 우린 와인을 마시지 말자고? 아니다. 10만 원 이하에서도 1등급 와인을 마실 수 있고, 충분히 와인의 멋과 맛을 알아갈 수 있다. 단지 그들만의 리그를 흉내 낼 필요는 없다는 것이다. 우리도 그들이 될 것이지만, 아직은 우리기에 우리가 최대한 와인을 즐길 수 있도록 안내하려한다. 우리가 그들이 되었을 때 와인을 배우려면 너무 늦기 때문이다.

3. 건전한 와인 테스팅

와인의 종류가 너무 많다 보니 이것저것 마셔 보며 서로 비교해 보고 싶은 마음에 이러한 문화가 생겼을 것이다. 그렇다면 나도 해 봐야 한다.

와인바에 가서 인당 잔을 두 개를 달라고 하고, 오크숙성의 1등급 와인과, 최저가 와인을 시켜 보자. 와인을 아무리 몰라도, 이 두 잔을 비교해 보며 마셔보면, 누구나 금방 느낀다. 천연 멸치국물과 다시다 국물을 금방 아는 것처럼 말이다.

학위를 받기 위한 논문들을 보면, '이렇게 까지 해야 하나?' 할 정도로 각주와 미주가 엄청나게 많다. 너무나도 긴 서술을 하여 말하고자 하는 목적이 무엇인지 퇴색되는 경우가 많다. 그러서인지 세계적 학술지에 실리는 논문 같은 경우는 학회에서 아예 논문 분량을 정해 놓고, 핵심위주의 간결한 논문을 원하고 있다. 와인 테스팅 자리에서의 대화도 간결할수록 아름다워 진다.

친한 이들과 이러한 와인 테스트는 그 자리를 화목하고 아름답게 만든다. 서로 와인에 대해 이야기 하며 충분한 추억이 되기에 손색이 없다. 와인맛을 아직 잘 모르는 사람이라면, 첫 문장에 소개한 것처럼, 아예 두병을 같이 시켜라. 한 병~ 한 병~ 마시면, 초보들은 차이를 거의 못 느낀다. 두 종류의 각자의 잔에 비교하면서 마실 때 그 맛에 대한 비교가 정확히 이루어지며, 그 자리의 이야기꽃이 될 수 있다.

와인을 동반한 파티의 원래 목적은 이 와인에 대한 분석이 아닐 것이다. 개개인의 취향에 따라 맛이 좋고, 함께 하는 사람과 즐거우면 그것이 바로 그날 그 자리에서 최상의 도우미가 되는 것일 뿐이다.

와인의 향은 오크통 발효를 하지 않은 일반적 저가 와인에서는 포도품종에 따른 향이 나는 것이고, 여러 품종을 블랜딩 한 와인에서는 여러 포도품종이 섞인 향이 나는 것이다.

오크통 발효 비율이 높은 고급 와인에서는 오크통 향과 포도향이 조화된 향이 나는 것인데, 이도 오크통의 burn 상태와 숙성기간의 상태에 따로 그 독특한 향이 난다. 저가 와인만 마셔보다 중고가로 넘어가게 되면, 오크향이 참 생소하게 다가서며 '어? 뭐지?' 하는 느낌이 팍 온다.

처음에는 거부감이 들 수도 있는데, 미각에 둔치가 아닌 이상 두잔 정도만 마셔 봐도 그 강렬한 피니쉬를 느끼게 되며, 이제 와인에 대해 눈을 떠가기 시작하는 것이다. 테스팅 과정에서 상대에 대한 예의는 '이거 이 맛나지 않니? 이 향 나지?' 하고 내가 원하는 답을 요구하지 말아야 한다. 사람마다 다 취향이 다르고 미각도 다 다르다.

평상적으로 약간의 힌트를 드려본다면, 저가 와인들은 알콜 맛이 강하게 느껴진다. 자연 발효라기보다는 약품을 첨가하여 발효시킨 제품들이 주로 저가 와인들이기에 깊이 숙성된 맛 자체가 날 수 없는 것이다.

당도 역시 포도 자체로만 단맛을 낸 고급 와인들과, 단맛이 부족해 설탕을 첨가하여 만든 저가 와인들은 확연한 차이를 느끼게 된다. 설탕은 포도가 아닌 사탕수수 아닌가? 차이를 못 느끼려야 못 느낄 수가 없는 것이다.

4. 테스팅 용어

와인을 평가하기 위한 자리가 아닌, 지인들끼리라도 여러 종류의 와인을 테스팅하며 갖는 자리도 훌륭하다고 했다. 설사 내가 처음이라도, 내 상대는 와인에 대한 상식이 있을 수도 있다. 그리고 이런 테스팅 모임에서 쓰던 용어를 쓸 수도 있다. 그렇다면 나도 알아야 한다.^^

- 부케

일단 처음으로 '부케' 라는 용어를 쓰게 된다. 뭐지? 결혼식 때 뒤로 던지는 꽃 아닌가??^^ no~ 향기를 말한다. '부케가 어떠니~?' 하면 '향이 어떠니?' 라고 이해하면 된다.

- 드라이 & 스위트

처음 마실 때 단 맛이 먼저 느껴진다. 인간의 혀에서 앞부분이 단맛을 느끼는 기관이기 때문이다. '드라이 하다라.'고 하면 말라있다는 뜻이 아닌 단 맛이 없다고 말하는 것이다. 달게 느껴진다면 스위트, 그 중간일 때 미디엄 드라이라고 표현한다.

시큼한 맛이 적절히 느껴진다면 '산도가 좋네~' 등으로 표현하고, 떫은맛이 느껴진다면, '탄닌이 강하다.' 등으로 표현한다. 이 탄닌은 보통 레드와인에서 표현한다. 화이트 와인도 고급와인들에서 스위트 보다는 드라이함이 느껴지는 경우가 많다.

– 바디

입에 머금었을 때 입 안에 느껴지는 무게감을 표현하는 것이다.

라이트 바디 : 마치 쥬스처럼 가볍게 넘어갈 때
미디움 바디 : 말 그대로 중간
풀 바디 : 진한 느낌. 보통 오랜 기간 숙성된 와인에서 이 느
　　　　　낌을 얻을 수 있다.

이 바디감은 저가와인과 고가와인을 비교 시음해 봤을 때 확연히 차이가 나는데, 보통 물과 우유에 비유한다. 물처럼 잔류감 없이 쉽게 넘어가는 것을 라이트 바디, 우유처럼 잔류감이 깊은 것을 풀바디라고 말한다.

풀바디는 포도 성분이 진하게 녹아 있을 때 나타나며, 숙성정도에 따라 숙성기간이 짧은 것은 텁텁한 맛이 느껴지기도 한다. 반대로 숙성이 충분히 잘 된 와인들에게는 이 텁텁함이 부드러움으로 바뀌어 훌륭한 맛이 느껴진다.

- 피니쉬

피니쉬는 말 그대로 마셨을 때 입안에 감도는 뒷맛, 그 전에 느꼈던, 향과 바디감을 종합해서 표현하는 것을 말한다. 모든 것이 다 중요하지만, 이 피니쉬가 멋진 와인이 사랑 받게 된다. 앞서 말한 떫은맛이 많을수록 저가의 와인인데, 오래 숙성된 고급레드와인 경우 이 탄닌이 깊고 중후한 맛으로 바뀌면서 와인의 참맛을 알아가게 하는 것이다.

평상적으로 2등급 이상의 와인에서 이 피니쉬를 확연히 느끼게 된다. 삼키고 난 후 입에 남는 여운과, 잔향이 오랜 기간 지속된다. 품질이 떨어지는 와인은 마치 포도쥬스를 마신 듯 그 맛과 향이 금방 사라진다.

- 밸런스

밸런스가 '좋다. 나쁘다.' 는 이 모든 과정이 어우러지는 과정에서 맛을 느끼는 차이에 따라 밸런스가 '좋다~ 별로 다~'를 말한다.

- 레그

참고로 하나 더 알아두면 좋은 표현은 '레그' 말 그대로 '다리' 이다. 와인잔을 돌렸을 때 위로 올라갔다 내려오는 잔에 나타나는 물결무늬를 표현할 때 쓰는 단어이다. 한잔 마시고 테이블에 놨을 때도 레그의 아름다움에 대해 이야 기 한다. 보통 진한 와인들에서 이 레그가 천천히 흐르며 아름답게 나타난다. 레그가 어떻다고 할 때… '뭐야! 내 다 리가 어쨌다는 거야?' 라고 오해하지 말자.

5. 와인 보관법

와인은 김치와 같다. 김치도 3년 정도 잘 익히면 묵은지로 인기가 좋지만, 잘못 보관하면 버리게 되는데 와인도 그와 같다. 와인의 보관기간은 품종과 숙성기간에 따라 다르게 된다.

오크통 숙성을 하지 않은 햇와인 같은 경우는 대부분 1년 이하의 보존기간이다. 탄닌 함유량이 많은 품종으로 만들어 졌고, 숙성비율이 높은 와인들은 평균적으로 10년 이하이다.

오크통 숙성 후 병에서도 숙성이 되어 그 가치가 올라가게 되는 최고급 포도주 같은 경우 50년 가까이도 보관이 가능하다. 물론 앞서 말한 대로 보관이 쉽지 많은 않다. 한국사람이라고 다 김치보관을 잘 하는 것은 아닌 것처럼 말이다.

최고급와인을 구매해서 집에서 숙성시켜 그 와인을 지켜보며 와인과 같이 나이를 먹어가는 여유를 가진 사람은 그리 많지 않을 것이다. 보통 행사장에서 할인 행사품을 저렴하게 구매해서 보관하며 마시는 것이 일반적이다.

와인을 대량 구매했으면 일단 소진하고, 다음에 또 채워놓는 재미로 보관하며 마시는 것이 좋다. 와인은 햇빛에 약하기에 그늘진 곳에 보관하고, 와인장이 없더라도 눕혀서 보관하시는 것을 잊지 말자. 스쿠류 캡은 굳이 안 뉘어놔도 된다. 와인장식장 이쁜 것 많이 나와 있다. 어느 한쪽에 세워놔도 인테리어로 손색이 없다.

6. 상한 와인 구별법

레스토랑에서 와인을 오픈 후 코르크 마개를 주는 이유는, 기념으로 가지고 가라는 뜻이 아니다… 코르크가 건강하다는 것을 확인시켜 주는 행위이다. 이 코르크를 보는 것만으로도 와인의 보관히스토리를 가늠해 볼 수 있기 때문이다.

와인을 오픈하기 전에, 병에 봉곳이 코르크가 솟아 올라 있다면, 딸 것도 없이 교환해 달라고 해야 한다. 마트에서도 봉긋하게 올라온 와인은 패스하면 된다. 코르크 상태만으로 와인을 거절할 때 나라별 발음이지만, '부쇼네, 콜크드, 콜키' 라고 한다.

코르크가 안 올라왔다고 하더라도, 크르크가 너무 말라 부스러져 있거나 반대로 너무 젖어 물러 있어도 와인 보관 히스토리에 문제가 있다는 것이다. 이렇게 위 세 종류로 문제가 보일 때 크게 상한 것이 아닐 때는 집에서는 요리용이나 목욕용으로 쓰면 되지만, 레스토랑 등에서는 과감히 교체 의사를 정확히 표현해야 한다.

곰팡이 균에 의해 변질된 맛에서 나타나는 현상은, 일단 향 자체가 거북하게 느껴진다. 곰팡이 균 특유의 텁텁하고 기분 나쁜 냄새가 올라온다. 와인을 장기간 세워서 보관했을 때 마개로 공기가 과대 흡입되었을 경우는, 코르크 상태가 바짝 말라 있을 경우 인데, 와인 자체에서 신맛이 난다.

빛에 많이 노출되거나, 고온에서 장시간 보관되어 변질된 제품은 와인 용량도 증발되어 있는 것이 눈으로도 확인 가능하다. 이렇게 변질된 제품들은 향이 거의 나지 않고 맛 또한 맹탕이며, 피니쉬고 뭐고, 거의 신맛 밖에 안난다.

　나름대로 최대한 자세히 설명 드린 것 같다. 그러나 각 식당의 서빙 방법 등에 의해 이러한 과정을 확인 못하고 지나칠 수도 있다. 이때는 정말 와인에 대한 나의 내공이 필요한 것이다. 이 내공이 쌓이려면 각 등급별로 다 마셔보고 나만의 와인철학이 어느 정도 있어야 가능한 것이 현실이다. 세상 모든 일이 마찬가지겠지만, 알아야 내 권리를 지킬 수 있다.

　그냥 와인을 제품으로 구성하고, 오너가 와인에 대한 애정이 없는 매장에서 이러한 실수가 종종 나오곤 한다. 그래서 와인을 알아가려면, 전문 와인바에 가서 알아가는 것이 좋다. 와인을 잔술 위주로 파는 술집은 어차피 고급 와인들 자체를 구비하고 있지 않다. 와인바라도 와인을 배울 수 없는 무늬만 와인바인 것이다.

7. 와인과 함께하면 좋은 음식?

와인에 대한 소개를 할 때, 항상 같이 먹으면 좋은 음식 리스트도 소스로 넣는다. 어느 와인에는 해산물이 좋고, 어느 와인에는 스테이크가 어울리고 하는 식이다.

이것은 참고 사항 정도라고 생각하는 것이 좋다. 어느 와인에 생선회나 닭고기가 어울린다고 가정했을 때, 그러한 음식을 못 먹는 사람도 분명 있다. 그러면 그 와인의 진정한 멋을 못 느끼게 되는 것일까?

여러 차례 말씀드리지만, 모든 기준은 '나와, 함께 있는 사람들' 에게 맞으면 되는 것이다. 한 가지 소스를 드린다면, 집에서는 어떠한 음식과 드셔도 상관없지만, 레스토랑 등에서는 달라진다.

모든 주류는 시간을 두고 마시게 된다. 그렇기 때문에 음식 역시 같이 가야 한다. 풀코스 방식으로 조금씩 여러 맛이 나오게 되는 세트 방식은 크게 상관이 없지만, 단일 품목으로만 시켰을 때는 주의 할 것이 있다.

면요리. 즉 파스타 같은 것은 서빙 된 후 평상적으로 15분 내로 다 먹든 남기던 해야 한다. 10여분 정도만 지나면 불어버리고 시간이 더 지나면 서로 달라붙어 떡처럼 되어 안주로서 비주얼이 다 사라져 버린다. 좋은 사람과 함께 있는데 다 불어터져 붙어버린 떡을 떼어 먹으며 와인을 마실 수 없지 않은가?

이와 비슷한 맥락으로 샤브샤브 등의 국물 요리도 마찬가지이다. 국물류는 미세한 분말이 많기에 넵킨을 사용하더라도 입주변에 잘 묻어 있다. 이것들이 와인 마실 때 잔에 묻고 그러면 조금은 보기 안 좋고, 입도 씻고 잔도 씻고 여하튼 별로 와인안주로 추천하고 싶지 않다.^^

81

8. 와인은 유럽에선 일상이다

와인이 아직 큰 대중화를 못 끄는 이유는, 알게 되면 될수록 전문가가 될 것도 아니면서, 이론이나 정보에 너무 신경 쓰고 더 많이 알려고 한다. 나쁜 것은 아니다. 그러나 너무나도 그런 부분에 집착하는 것이 오히려 대중적 의도에 벗어나 버리는 원인이 된다.

모든 술이 그러하듯 와인 역시 유럽에서도 귀족들만 마시던 술은 아니었다. 외국 여행을 다녀보면 큰 대륙일 경우 우리나라 사람들은 김제평야에 가야나 볼 수 있다는 지평선들이 있다. 이 광활한 대지에 왜 마을들이 형성이 안 되었을까? 중세시대 전략적 목적도 있었지만, 황무지로 남겨졌던 대부분의 땅들은 물이 부족해서였다.

요즘처럼 댐이 있는 것도 아니고, 가뭄이 들면, 그 기간에 따라 인간의 개체수가 좌지우지 될 정도로 물은 아주 중요한 것이다. 유럽도 마찬가지이며, 식수원이 멀리 떨어져 있거나 하는 곳은, 물 대신 식사할 때 마시는 용도로 와인이 많이 사용 되었다.

그래서 식전와인이니, 디저트 와인이니 하는 분류로도 나뉘는 계기가 되었던 것이다. 식사와 함께하는 술이라면, 그것은 일상의 일부분이라는 말이며, 그 물대신 마셨던 술에 귀족들은 가치를 더하여 고가의 명품와인을 탄생시켰던 것이다.

예나 지금이나, 고가의 와인을 즐기는 사람은 극히 드물다. 그러나 저가 와인도 와인은 와인인지라, 귀족들의 문화와 예절을 갖추면 금상첨화가 되는 것 또한 맞다. 이러한 문화와 예절에 부정적 시각을 가지실 필요는 없다. 요즘은 집집마다 밥상 펴는 집 없을 것이다. 식탁 문화가 정착되었기 때문이다.

30여 년 전만 하더라도, 밥상 피고 접고가 어머니들의 일상이었다. 왜 지금도 밥상 피지 서구 문화인 식탁을 따라하는가? 대원군이 쇄국정책만 안 하고, 서구의 문물을 받아들였다면, 일본에게 무참히 살육당한 임진왜란도 없었을 것이다. 문화는 트렌드이고, 트렌드에 뒤처지면 발전이 더디게 된다.

사람은 미래를 바라보고 그 가치에 투자해야 후일을 도모할 수 있는 것이다. 이를 겉치레라고 생각하면 안 된다. 유럽에서 귀족들만 하던 와인 예절을 지금은 유럽인 누구나면 다 알고 있다. 그렇다고 그들이 귀족이 되었나?

귀족은 안 되었더라도, 국민 자체의 삶과 질이 오를 수 있었으며, 그 국민적 우월감을 바탕으로 세계를 정복하고 다닐 수 있었던 것이다.

와인이 비싸다는 인식이 있다. 맞다. 비싼 술이다. 그러나 마트에는 1만 원 이하의 와인도 많이 판매한다. 물론 나중에 고급 와인을 마셔보면 저가 와인은 못 마시게 된다. 맛의 차이가 나도~ 나도~ 너무! 나기 때문이다.

왜 술을 매일 마셔야 하나? 알콜은 적당할 때 좋은 것이다. 처음에는 저가의 와인으로 시작하더라도, 나중에 고급을 마셔 가계가 흔들릴 정도로 음주 계획을 세우시는가? 차라리 음주 예산을 따로 책정해서 그 안에서만 술을 마시고, 넘어선다면 절주하는 것도 좋은 생활 패턴이 될 수 있다.

PART 4

Division

1. 화이트와인용 포도 품종

　와인 이름을 보면 단일 품종으로 이루어진 와인의 경우 포도 이름을 넣는 경우가 있다. 보통 3등급 이상의 와인이다. 화이트와인에 주로 사용되는 유명한 포도 품종에 대해 알아보자.

〈〈 샤르도네 / Chardonnay 〉〉
　샤르도네는 샴페인과 화이트와인을 만드는 품종이고 프랑스산이 유명하며, 백포도주의 여왕이라는 애칭이 있다. 보통 오크통에서 5년 이상 숙성시켜야 제대로 된 맛을 내며, 이러한 와인들을 명품으로 쳐 주고 있다.

〈〈 리즐링 / Riesling 〉〉
　백포도주의 여왕이라고 불리는 품종이다. 마치 과일을 먹는 느낌을 주는 와인이며, 드라이와인임에도 스위트와인이라고 착각을 불러일으킬 정도로 맛을 인정받고 있다. 리즐링도 Noble rot 주조법으로 달콤한 디저트와인도 생산한다.

〈〈 비오니에 / Viognier 〉〉

진한 황금색을 띠며, 중성적인 매력을 가진 포도 품종이다. 오크숙성을 거의 안 거치며, 신선할 때 마시며, 이 품종으로 만든 와인은 도수가 높다.

〈〈 쎄미용 / Semillon 〉〉

보르도가 원산지이며 화이트와인을 만들 때 사용된다. 단맛이 강해 단맛이 없는 다른 포도품종에 단맛을 내게 될 때에도 많이 사용된다. 단일품종으로 사용할 경우 귀부 현상 'Noble rot(고급스럽게 부패된)' 주조법으로 양조한 프랑스 쏘테른느 지역의 명품 스위트와인을 만들어 낸다. 그래서 '쏘테른느의 귀족'이라는 애칭으로도 불린다.

〈〈 트라미너 / Traminer 〉〉

세상에서 가장 향기로운 포도라는 애칭을 가지고 있는 포도품종이다. 이 포도로 만든 화이트와인 역시 향수와 같은 아름다운 향을 감상하게 된다.

〈〈 소비뇽 블랑 / Sauvignon Blanc 〉〉

보르도 화이트와인을 만들 때 사용하는 품종이며, 향기가 유명한 품종이다. 대체적으로 오크통 숙성을 하지 않고 상큼한 포도 자체의 맛을 즐기게 만든다. 오크통 숙성을 하게 되면 오크 번의 상태에 따라 다채로운 맛이 가미된 멋진 고급 화이트 와인들이 만들어 진다.

〈〈 모스카토 / Moscato 〉〉

국내에서 무스까또, 무스캇 등의 애칭으로 많이 알려진 와인이다. 이름이 이렇게 다양하게 불리는 이유는 '모스카토, 신페, 모스카텔, 무스캇, 뮈스카' 등 각 나라별로 불리는 이름이 다르게 때문이다. 주로 달달한 스파클링 와인을 만들 때 사용한다.

모스카토… 이 포도 품종이름을 들으면 억울해 진다.-_- 필자의 와인바에도 이 품종의 와인이 구비되어 있었다. 그러나 고객들이 와서 메뉴판의 가격표를 보고 "와~ 이거 마트에서 1만 원도 안 하는데 되게 비싸다!" 라는 말을 몇 번 들으니 진열할 의지를 잃어 버렸다.^^

모스카토는 상품명이 아닌 포도 품종의 이름이다. 각 산지나 메이커 별로 가격이 다 다르다. 1만 원도 안 하는 모스카토도 있지만, 5만 원 하는 모스카토도 있는 것이다. 스스로 무식을 자랑하는 것과 같은데, 그렇다고 일일이 다 설명해 줄 수도 없으니 아예 빼 버렸다. 그러니 마음이 아주 편해졌다. 다른 유명한 포도품종들도 이와 비슷한 오해를 불러일으킨다. 그래서 누차 강조하지만 와인은 조금은 배워야 한다.

2. 레드와인용 포도 품종

《 까르베네 쇼비뇽 / Carbernet Sauvignon 》

레드와인으로 가장 많이 쓰이고 널리 알려진 품종이며, 적포도주의 왕이라고 부르는 품종이다. 두꺼운 껍질과 많은 씨로 와인을 숙성할 때 타닌 함량이 풍부하고, 짙고 중후한 색상을 표현하게 한다. 숙성과정이 거의 없는 저가 와인 같은 경우는 오히려 초보자들에게 거부감을 일으키기도 한다. but 숙성된 고급와인 같은 경우는 신세계를 느끼게 해 주는 명품 품종이다.

《 삐노 누아르 / Pinot Noir 》

프랑스 부르고뉴 지역에서 생산되는 대표적 고급 품종이다. 이 품종은 재배하기가 무척 까다롭고, 생산량이 많지 않아 이 품종의 와인들은 대체적으로 가격이 높다.

《 그레내슈 / Grenache 》

이 품종은 다른 품종에 타닌이 부족할 경우 이를 보충하기 위해 혼합하는 용으로 많이 사용된다. 로제와인과 주정강화와인에는 단일품종으로 사용된다.

〈〈 네비올로 / Nebbiolo 〉〉

이탈리아 품종으로 강한 타닌 때문에 거친 맛이 많이 나서 장기간의 숙성기간을 가지는 포도 품종이다.

〈〈 메를로 / Merlot〉〉

까르베네 소비뇽보다 물기가 많고 단맛이 강한 품종이다. 메를로 만으로도 와인을 만들며, 다른 품종으로 만들어진 와인이 거친 맛이 강할 때 메를로를 혼합하여 중화시킨다. 보르도에서 까르베네 소비뇽과 이 메를로를 혼합하여 섬세하고 복합적임 맛을 내는 명품 와인을 많이 만든다.

〈〈 까베르네 프랑 / Cabernet Franc 〉〉

까르베네 소비뇽과 메를로와 혼합하여 와인을 만드는 경우가 많은 품종이다. 타닌이 약해서 그러한데 그래도 생 떼밀리옹의 최고급 와인인 '슈발 블랑'에 50% 이상 까르베네 프랑이 사용된다.

〈〈 템프라니오 / Tempranillo 〉〉

스페인의 대표 품종이다. 타닌이 많아 오크통에서 장기간 숙성하게 된다. 이 이름이 익숙하다고 느껴지지 않는가? 세계에서 가장 넓은 포도밭을 가진 스페인 품종이기에 들어봤을 기회도 많았기 때문이다.

《 산지오베제 / Sangiovese 》

토스카나 명품와인인 '키안티'를 만드는 데 사용되는 품종이다. 이탈리아 외에는 거의 생산하지 않기에 산지오베제 하면 이탈리아, 이탈리아 하면 키안티를 연상시키게 되는 포도 품종이다.

《 시라즈 / Shiraz 》

색상이 매우 진하며, 맛 역시 진하고 풍부한 질감을 느끼게 해주는 포도 품종이다. 나라별로 시라, 쉬라즈 라고도 불린다. 프랑스 남부 '꼬뜨 뒤론' 지방에서 만드는 와인의 대표적 품종이며 맛과 향이 강해 '터프가이' 라는 애칭이 있다.

《 바르베라 Barbera 》

이탈리아의 고대 품종이다. 깊은 적색, 낮은 타닌, 높은 산도를 가지고 있는 것이 특징이며, 고급 와인에 주로 사용된다.

《 진판델 / Zinfandel 》

유럽이 원산지이지만, 유럽에서 이 포도 품종으로는 만드는 와인은 드물며, 미국 켈리포니아에서 대량으로 생산하여 와인을 만든다. 그래서 진판델이라는 이름이 붙은 와인은 미국 와인으로 여겨지고 있다.

〈〈 말벡 Malbec 〉〉

말벡은 보르도 와인을 만들 때 소량으로 섞던 품종으로 유럽에서는 거의 사용하지 않게 되는 추세였다. 그러나 칠레와 아르헨티나에서 이 말벡을 가지고 멋진 와인을 만들어 성공을 하였다. 그래서 말벡 품종을 아르헨티나가 원산지라고 생각하는 사람이 많을 정도이다.

포도품종에 대한 설명은 최대한 간결이 했다. 백문이 불여일견! 맛과 향기에 대해 글로 아무리 써도 직접 느껴보기 전에는 와 닿을 리가 없기 때문이다.

2. 프랑스 와인

1. 등급

와인의 종주국이 프랑스라고 해도 아무도 부정 못한다. 많은 포도 품종이름이 프랑스어로 되어 있는 것만 봐도 알 수 있다. 라벨에 알파벳으로 쓰여 있는데 읽기 애매한 것은 프랑스어이기 때문이다. 프랑스어로 와인을 어떻게 불러질까?

Vin Rouge(뱅 루즈) : 레드와인
Vin Blanc(뱅 블랑) : 화이트와인
Vin Lose(뱅 로제) : 로제 와인

와인 대중화를 위해 와인 표기나 등급을 단일화 하려는 노력도 있었지만, 와인 종주국인 프랑스에게는 생각할 가치도 없는 일이었다. 프랑스 입장에서는 전 세계와인이 프랑스어와 프랑스등급을 따라야 맞는 것이니 말이다. 유럽연합에서 단일화 하는 기준을 만들기는 했다. 프랑스 뿐아니라, 각국의 와인 명가에서는 "응 그래?" 하고 말고 자신들의 표기방식을 고수하고 있다.-_- 프랑스는 와인을 크게 4등급으로 나눈다.

AOC	Appellation d'Origine Controle 아뺄라씨옹 도리진 꽁뜨롤레	
VDQS	Appellation d'Origine Vin Delimites de Qualite Superieure 아뺄라씨옹 도리진 뱅 델리미떼 드 퀄리떼 쉬뻬리외르	
VIN DE PAY	뱅드 빼이	
VIN DE TABLE	뱅드 따블	

1등급 AOC

1등급인 AOC는 토양, 경작지, 품종, 재배, 관리, 양조, 숙성 이 모든 과정이 프랑스에서 정한 기준을 준수했을 때 부여받는 훈장이다.

와인의 품질을 일정하게 유지시키기 위해 이나오 (INAO)라는 국가 조직에서 지정한대로만 생산해야 이 등급을 받을 수 있다. 각 지역의 규정에 따라 특정 포도만 재배 가능하다. 다른 포도품종으로 재배 시 아무리 훌륭한 와인을 만들었다 하더라도 등급 못 받는다.

더 나아가 단위 면적당 생산량까지 규제, 대량생산이
불가능하기에 값어치 역시 상승된다. 국내에 수입되어 있
는 와인도 10만 원 이하의 1등급 와인도 많다. 1등급이라
고 겁먹지 말자^^

이 1등급 중에서 또 4단계로 나뉜다. 와인하면 프랑스,
프랑스 내에서도 '보르도'와 '부르고뉴'이다. 보르도나 브
르고뉴 라고만 되어 있으면 4등급, 읍면 단위가 기재되어
있으면 3등급, 마을명이 들어가 있으면 2등급, 1등급은 프
랑스에서 와인 명산지로 지정하고 관리하는 수십 개의 마
을이다. 대표적 명품으로는 '샤또 슈발 블랑, 본 로마네'
등이 있다.

Grand Crus

프랑스 1등급 와인 중에서도 고급 와인에 보면 '그랑
크뤼 클라세(Grand Crus Classé)'라고 표기된 것이 있다.
이는 프랑스의 최고급 와인을 뜻하는 것이며, 일반적으로
특급 포도원에서 만들어진 와인이라고 이해하면 된다.

이 그랑 크뤼라는 표식을 붙일 수 있는 포도원은 총
61곳의 포도원이며, 이 안에서도 또다시 5등급으로 나뉘고
명칭도 다 다르다.

1등급	프리미에 그랑 크뤼 클라세 (Premiers Grand Crus Classe)
2등급	두지엠 크뤼(Deuxiemes Crus)
3등급	트르와지엠 크뤼(Troisiemes Crus)
4등급	카트리엠 크뤼(Quatriemes Crus)
5등급	생키엠 크뤼(Cinquiemes Crus)

　　일단 설명은 드렸지만, 너무 자세히 알려면 정말 숙제하듯 공부해야 하니 일단 '그랑 크뤼' 라는 말이 라벨에 있으면 프랑스산 best of best 고급와인이라고 생각하자! 와인을 즐기다 보면 자연히 알게 될 수 밖에 없으니 너무 초초하게 생각하지 말고 일단은 걸음마이다.

2등급 VDQS

VDQS는 예상할 수 있는 4가지 단어의 줄임말인데 '우수품질 범위제한' 이라는 말이다. 알콜의 최소 함량은 10.5도 이상이어야 한다.

3등급 VIN DE PAY

3등급은 이 등급명 뒤에 원산지를 이어 붙인다. 이 등급 표시 없이 샤르도네 등의 포도 품종만 적혀 있다면 3등급 와인이라고 이해하면 된다.

4등급 VIN DE TABLE

4등급엔 누구나 쉽게 알 수 있는 단어가 보인다. 테이블… 그냥 저가형 테이블 와인이라는 뜻이다. 이러한 4등급 와인들은 등급표기도 안 하는 경우가 많고, 품종도 적혀 있지 않다. 여러 품종을 믹스해서 만들기 때문이다.

프랑스산 와인인데 생소한 명칭은 짧은 단어로 와인명과 도수 용량 정도만 적혀 있다면 4등급 와인이라고 생각하면 편하다. 생산년도인 빈티지 역시 기재할 수 없다.

2. 라벨 보는 법

양조장 명

와인 이름

생산년도

품질 등급

잘 살펴보면 '프리미엄 그랑 퀴리 클라세' 라는 문장도
보인다. 고급와인임을 알 수 있다. MARGAUX 요 단어는
'보르도 산 쓴맛이 나는 적포도주'를 말한다.

일 예 일 뿐 지역이 너무 많기에 처음부터 이를 다 외우려
하지 말고 등급이나 그랑퀴리 등의 단어를 먼저 이해하고
다가서자. 더 나아가 각 양조장별로 라벨모양이 다 달라 더
혼동 되고 표기 방식 또한 다 다르기에 위 라벨 역시 일 예가
될 수 밖에 없다. 앞 문장에서 말한 것을 다시 한 번 재차
강조한다.

4. 이태리 와인

1. 등급

이태리는 흔히 '와인의 요람'이라고 불리는 나라이다. 로마 병사들에 의해 와인양조법이 프랑스로 넘어간 것이니 와인의 원조라고 해도 과언이 아니다. 그러나 로마제국의 멸망과 함께 혼돈기를 겪으며 프랑스가 와인 종주국의 지위를 가져가 버리고 말았다.

로마군은 자신들의 정복지 마다 포도밭을 만들었다. 알프스산맥을 넘어 남부와 중부 유럽을 제패해 나가는 로마군을 따라 포도나무와 와인도 유럽 각지로 퍼져 나갔다. 그랬던 이유는 군인들의 건강 때문이었다.

정복지의 군인들이 도망갈 때 물에 독약을 풀기 일쑤였고, 우기 때 이질이라도 돌게 되면, 전투를 하기도 전에 군대를 몽땅 잃어버리는 일이 생기기도 하였다. 그래서 안전한 수원이 확보되기까지 포스카(posca)라고 하는 와인을 만들어 병사들에게 마시게 했다.

포스카는 식초로 넘어가기 직전의 시큼한 와인을 물에
타서 섞은 만든 음료였다. 물보다 덜 변질되는 데다 알코
올 도수가 낮아서 취할 우려가 적기에 비교적 군대에서도
안전했다. 이 포스카는 군인뿐만 아니라 돈이 없는 일반인
과 막노동자나 노예들도 많이 애용했다.

전 국토에서 와인을 생산할 정도로 와인사랑이 심히 심
한 나라이다. 그렇기 때문에 최고급 와인을 거론할 때는
이태리산이 빠지지 않는다. 이태리 역시 와인의 분류에 따
라 불리는 이름도 다르다.

DOCG	데노미나죠네 디 오리지네 콘트롤라타 에 가란티타 Denominazione di Origine Controllata e Garantita
DOC	데노미나죠네 디 오리지네 콘트롤라타 Denominazione di Origine Controllata
IGT	인디카지오네 지오그라피카 티피카 Indicazione Geografica Tipica
VINO DE TAVOLA	비노 다 타볼라

1등급 DOCG

'생산통제법에 관리되고 보장하는 원산지 와인'이라는 약자이며, 포도 수확 전에 조사기관의 보증서를 받아야 이 등급을 표기할 수 있다. 이 등급에 해당되는 와인은 24종 이다.

2등급 DOC

관리되는 제한된 지역에서 통제에 따라 만들어진 와인 이다. EU 규정의 VQPRD에 해당하는 품종이다.

3등급 IGT

위 1,2 등급은 와인 명지인 지역이나 지역명을 넣는데, 3등급 부터는 이를 사용할 수 없다. 기준으로 정하는 단일 품종의 포도가 규정된 비율을 넘어서면 포도 품종은 표기 할 수 있다.

4등급 VINO DE TAVOLA

일반적 테이블 와인을 말한다.

Vlino Rosso / 비노 로소 : 레드와인

Vlino Vianco/ 비노 비앙코 : 화이트와인

Vlino Rosato / 비노 로사토 : 로제 와인

Vlino Spumante / 비노 스푸만테 : 스파클링 와인

2. 리제르바[Riserva]

'리제르바, 그랑 리제르바, 리저브, 그란 리저브' 와인에 관심이 있었던 사람이라면, 어디서 많이 들어 본 말 같지 않은가?

이는 "3년 이상 숙성시킨 와인" 즉 "최저 숙성기간을 초과하는 규정을 만족시킨 와인"을 말한다. 이탈리아어로 '비축'이라는 뜻이다. 그랑 리제르바는 추가로 숙성을 더 해야 하며, Non-Riserva Wines보다 알콜 함량이 1.5% 더 높아야 한다.

즉 숙성시킨 와인이란 뜻이다. 지금까지 책을 읽어 왔다면 숙성이 왜 중요한지는 알 것이고, 그 숙성기간에 따라 맛은 물론 가격도 바뀐다고 이해했을 것이다. 그래서 숙성와인의 경우 광고할 만한 것이다.

이탈리아어지만 Reserve라는 말은 신대륙 와인이라 불리는 미국산이나 남미 와인에 대해 이야기 할 때 자주 쓰이는 단어이다. 이들 신대륙 와인의 역사는 매우 짧고 등급 또한 확고히 정립되지 않았기에, 등급대신 자신들이 만든 고급 와인들을 설명할 때, 이 '리제르바' 라는 문구나 품평회에서 받은 점수 또는 메달표시 등으로 그 와인을 설명하기 때문이다.

3. 라벨 보는 법

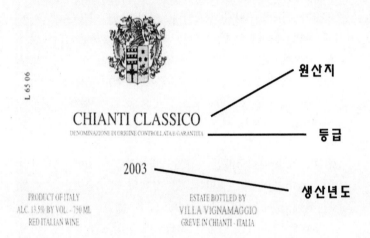

VIGNAMAGGIO —— 브랜드

L 65 06

CHIANTI CLASSICO —— 원산지

DENOMINAZIONE DI ORIGINE CONTROLLATA E GARANTITA —— 등급

2003 —— 생산년도

PRODUCT OF ITALY
ALC. 13.5% BY VOL. - 750 ML
RED ITALIAN WINE

ESTATE BOTTLED BY
VILLA VIGNAMAGGIO
GREVE IN CHIANTI - ITALIA

이태리 역시 각 양조장의 디자인이나 표기방식이 다르다.
등급표기 역시 위와 같이 풀어서 서술한 것도 있고,
약자로 기술한 것도 있다.
리제르바급은 리제르바를 표기하는 경우도 많다.

5. 독일 와인

1. 등급

독일은 백포도주의 본고장이다. 독일 와인 생산량의
85%가 백포도주이기 때문이다. 이렇게 된 이유는 추운 독
일 날씨 때문인데, 남부 일부 지역을 빼 놓고는 짧은 일조
량 때문에 적포도 품종을 재배할 환경이 많지 않다. 또한
청포도 역시 짧은 일조량으로 인해 단맛이 약하다. 그러나
산도는 오히려 높으며, 낮은 당분으로 인해 알콜 도수 역
시 10도를 대부분 넘지 않는다.

Eiswein(아이스바인) 이라는 명품와인이 있다. '언 와인
(ice wine)'이라는 뜻이다. 언 상태의 포도송이를 수확한
뒤 짜내면 매우 당도 높은 포도즙을 얻을 수 있는데, 이
포도즙으로 와인을 만들면 고당도와 고산도가 조화를 이루
는 고급 아이스바인이 된다. 자연에서 재배한 포도로 만든
와인만을 공식 아이스바인으로 인정하며, 냉동시킨 포도알
을 짜낸 인공 아이스 와인은 아이스박스 와인(icebox
wine)이라고 한다.

QMP (쿠엠페)	Qualitatswein mit Pradikat (크발리테츠바인 미트 프라디카트)
	'Pradikatswein (프라디카트바인)
QBA (쿠베아)	Qualitatswein bestimmter Anbaugebiete (크발리테츠바인 베쉬팀터 안바우게비테)
Landwein	란트바인
Tafelwein	타펠바인

Rotwein 로트바인 / 레드와인

Weiswin 바이스바인 / 화이트와인

Rotling 로틀링 / 로제와인

Eiswein 아이스바인 / 아이스와인

Sekt 젝트 / 스파클링 와인

1등급 QMP

1등급으로 쿠엠페로 표기할 수도 있지만, 풀어서 두 종류의 문장으로 서술하기도 한다. 이렇게만 표기해도 쉽게 알 것 같은데, 또 다른 난항이 기다리고 있다.

수확시기에 따라 6단계로 또 나뉘고, 와인병에 등급을 표시하는 경우도 있지만, 세부단계를 적어놓는 경우가 더 많기 때문이다. '카비넷, 아이스 바인' 등으로 말이다. 독일만 그런 것이 아니고 프랑스나 다른 나라들도 마찬가지이다. 설명할 필요도 없고, 없어서 못 파는 와인들일수록 표기에 불친절? 하다. 어차피 아는 사람은 아니 알아서 마시라는 뜻인가?^^

2등급 QBA

특정 지역에서 생산되는 수준 있는 와인이며, 비교적 저렴한 가격으로 가성비 좋은 와인이 상당히 많이 있다.

3등급 Landwein

1982년 프랑스의 와인 등급 중, 3등급을 모방 도입해서 만든 등급으로 어느 정도의 생산지 구분을 하고, 발표 전에 설탕을 첨가할 수도 있다. 독일산 포도들은 같은 품종이라도 일조량 때문에 당분이 떨어져서 그렇다.

4등급 Tafelwein

테이블 와인이다. 포도 재배지 구분 없이 블렌딩 가능하고 저가 와인이다.

VDP

독일어 다 생소하고 포기하고 싶다… 그러나 100% 그런 것은 아니지만 문양 하나만 기억하면, 아 독일산 고급 와인이구나~ 하고 알 수 있는 문양이 하나 있다.

독일 최상위 등급임을 말해 주는 문양이다. 독일 와인 전체 생산량의 4% 정도만 생산이 되는 와인이며, 여기서도 또 4단계로 나뉘어 지는데 너무 복잡해지니 저 독수리 문양만 기억하자!

2. 라벨 보는 법

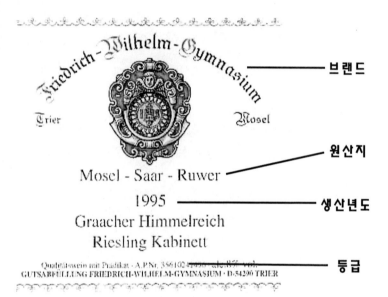

브랜드

원산지

생산년도

등급

독일 역시 각 양조장의 디자인이나 표기방식이 다르다.
등급표기 역시 위와 같이 풀어서 서술한 것도 있고,
약자로 기술한 것도 있다.
VDP급 표식은 라벨보다는 병목에 표기하는 경우가 많다.

6. 스페인 와인

1. 등급

스페인은 세계에서 가장 넓은 포도밭을 가진 나라이다. 그만큼 역사도 깊고, 각 양조장 별로 독특하고 개성있는 와인들이 많다. 스페인은 6등급으로 나눈다.

VDP	Vino de pago
DOC	디노미나씨온 데 오리헨 칼리피카다 Denominación de Origen Calificada
DO	디노미나씨온 데 오리헨 Denominacion de Origen
VDIG	VINO DE Calidad con indicainn georafica
VDT	VINO DE TIERRA 비노 데 라 띠에라
VDM	VINO DE MESA 비노 데 메사

최상위급 VDP

특급 와인을 말한다.

1등급 DOC

원산지 통제 와인으로 리오하 지역 와인들이 많다. DO 와인으로 적어도 10년 동안 인정을 받아야 본 등급을 달 수 있다.

2등급 DO

원산지 통제 와인으로 68개로 지정된 곳이며, 인가받은 품종을 사용, 규정을 충실히 따른 와인으로 백라벨에 해당 산지 스티커가 꼭 붙어있다.

3등급 VDIG

새롭게 만든 등급으로 프랑스의 VDQS와 유사한 등급 이다. 줄여도 모자랄 판에⋯ 더 복잡하게⋯.

4등급 VINO DE TIERRA

승인된 28개 지역 내에서 생산되는 포도품종을 60% 이상 함유할 때 부여되는 등급이다.

5등급 VINO DE MESA

그냥 테이블 와인을 말하며, 가장 낮은 등급으로 빈티지나 지역명을 표시 할 수 없다.

Vlino Tinto / 비노 틴토 : 레드와인

Vlino Blanco / 비노 블랑코 : 화이트와인

Vlino Rosado/ 비노 로자도 : 로제 와인

2. 라벨 보는 법

스페인 역시 각 양조장의 디자인이나 표기방식이 다르다.
등급표기 역시 위와 같이 풀어서 서술한 것도 있고,
약자로 기술한 것도 있다.

하단 빈티지 앞에 '그란 리세르바'라는 표기가 보인다.
고급와인이라고 이해하면 된다.

7. 포르투갈 와인

1. 등급

보통 와인바에 갔을 때, "너무 단거 빼고, 안 단 것 중에 추천해 주세요~" 하는 분들이 많다. 이 분들은 우연히 포트와인을 마셔본 기억이 있는 사람들이다. 포트와인의 특징은 많이~ 달고, 대부분 주정강화 와인으로 알콜도수가 높다.

와인을 잘 모를 때, 알콜도수만 보고 선택하면 이러한 우를 범하기 쉽다. 이왕이면 '도수 높은 것 마시자!' 하고 선택할 때 대부분 포르투갈 와인을 잡게 되고, 그 단맛에 머리가 흔들려 한 병 다 못 마시고 놔두었다가 음식에다 소스로 쓰곤 한다.ㅎ

포루투갈하면 포트와인이 떠오르지만, '레드와인, 화이트와인'도 생산한다. 포르투갈 산 중에서 이 단맛을 피하고자 싶다면, 알콜도수와 병모양을 보면 된다. 주정강화 와인은 대부분 15도가 넘고, 병모양이 포트와인병에 담겨있기 때문이다. 포르투갈은 와인등급을 4등급으로 나눈다.

DOC	Denominacao de origem controlada	
IPR	Indicacao de provenienica regulamentada	
VDR		VINO DE REGIONAL
VDM		VINO DE MESA

1등급 DOC

대부분 유명한 와인은 포트와인의 산지로 유명한 도우루 Douro지역에 있으며, 이 지역 항구의 이름이 '포르토'라서 '포르토 와인, 포트와인' 으로 이름이 알려졌다.

2등급 IPR

4개 지방과 9개 지역으로 구분된다.

3등급 VINO DE REGIONAL

위 지역을 제외한 산지표시가 가능한 나머지 지역와인을 뜻한다.

4등급 VINO DE MESA

일상적 테이블 와인이고, 원산지 표시를 할 수 없다.

Tinto/틴토 : 레드
Branca/블랑카 : 화이트
Rosado/로사도 : 로제

2. 라벨 보는 법

포르투갈 역시 각 양조장의 디자인이나 표기방식이 다르다.
등급표기 역시 위와 같이 풀어서 서술한 것도 있고,
약자로 기술한 것도 있다.
포르투갈은 포트와인의 대명사답게, 특이한 병모양, 그리고
위의 라벨처럼 친절한 설명의 라벨보다는, 전면에는
'PORTO'라는 문구를 강조하고, 후면 라벨에 와인의
히스토리를 적는 경우도 많으니 참고하자.

8. EU 와인표기

　EU는 와인에 대한 지리적 표시를 보호하고자 라벨의 표기를 새롭게 규정하기 위한 법령으로 아래 두 개로 분류한다.

'PDO / Protected Designation of Origin'
원산지의 명칭으로 보호 받는 와인

'PGI / Protected Geographical Indication'
지리적인 표시로 보호 받는 와인

　와~ 많이 간단해 졌다.^^ BUT EU와인을 이해하기 위해서는 여전히 유효한 공식적인 등급체계를 알아야 한다. 강제성이 없기에 예전 표기 방식을 고수하기 때문인 양조장이 많기 때문이다. 그래도 사용하는 곳이 점차 늘어나기에 두 가지 마크를 기억해 보자.

이 표기도 개정된 것이고 이전에는 다른 표기를 사용했었다. 혼선을 줄이기 위해 단순화 한 것인데 프리미엄을 논하는 시장에서 간단하게 줄인다고 좋다고 이를 따를 양조장은 필자가 생각해도 많지 않을 것 같다.

프리미엄일수록 더욱더 그러할 가치를 못 느끼게 될 테니 말이다. 위 두 마크나 표식이 없는 와인은, 포도를 여러 가지 블랜딩하여 품종표시를 할 수 없는 저가 테이블 와인이라고 생각하면 된다. 한눈에 알아보자.

EU		
PDO	AOP DOP	AOC DOC(G) DO QMP
PGI	IGP	VDP IGT VPIT QBA

9. 미국, 호주, 칠레, 아르헨티나

마트에 가거나 와인바를 가서 우리가 쉽게 접하는 와인들은 대부분 칠레 등의 남미권, 미국, 호주산들이 많다. 원래 와인종주국의 와인들보다 비슷한 수준이라면 가격이 저렴해서인 경우가 많다.

와인을 거의 모를 때는 원산지가 어디고, 종주국이 어디고 다 관심이 없다. 다 그냥 '외국에는 다 포도주만 마시나 보다~' 하고 단순하게 생각한다. 그러나 알아갈수록 한 가지 듣게 되는 단어가 있다. '신대륙 와인이냐? 구대륙 와인이냐?' 이다.

앞서 설명 드린 5개국 외에 '그리스, 불가리아, 헝가리, 루마니아' 등의 유럽권 나라들을 구대륙이라 하고, 와인의 종주국들이라 한다. 반면 아메리카 대륙과 호주 대륙의 와인들을 '신대륙 와인'이라고 한다.

유럽 외 국가의 와인을 볼 때는 이 포도 품종을 알아야 한다. 그래서 앞서 포도 품종에 대한 이해를 구한 것이다. 칠레나 아르헨티나 등 다른 신대륙 와인들도 다 마찬가지이다. 이들 나라는 유럽처럼 나라별로 체계화된 와인 등급은 없지만, 포도품종 기재와 와인의 숙성정도를 표시한 것으로 등급을 나누는 것이 보편화 되어 있다. 전부 그런 것은 아니지만 숙성정도에 따라 다음과 같이 와인라벨에 표시한다.

Gran vino → 최소 6년 이상 숙성된 와인.
Reserva → 최소 4년 이상 숙성된 와인.
Reserva Especial → 최소 2년 이상 숙성된 와인
아무 표시가 없는 경우 → 1년 숙성한 와인

신대륙 체계에서는 법적으로 규제하는 사항이 거의 전무한 상황으로, 각각의 와이너리(양조장) 내부에서의 등급 분류라고 생각하는 것이 좋다.

같은 '리제르바' 용어도 스페인이나 이탈리아에서는 법적으로 분류체계가 확고한 점과 많이 달라 혼동이 될 여지가 많은데, '샴페인'처럼 우리 상파뉴 지역 아니면 못 써! 하는 강제 조항이 없기에 일반적으로 쓰고 있다.

정확한 규정도 없고, 강제성도 없기에, 전통으로 남을 수도 없으며, 와인 매니아들도 잘 인정하지 않기에, 이들 나라에서는 여러 방법으로 자국의 와인을 홍보한다. 스페셜 에디션(한정판)이라던지, 각자의 품평회를 열어 점수를

매기고, 메달을 수여하고, 거기에서 높은 점수를 받거나 메달을 획득할 경우 라벨에 표기하여 홍보를 한다.

와인 종주국 격인 프랑스 1등급 중에서도 최고등급의 와인양조장에서 만든 50년산 특급와인이 이러한 품평회에 나가서 점수를 받고 메달을 받아 라벨에 새기고 싶을까? 와인 세계의 리그들도 그들만의 세계가 각각 구축되어 있다.

수상한 내역이나 금메달 마크를 보고 오해할 여지가 있기에 밝혀드린다. 그렇다고 해서 신대륙 와인이 맛이 다 나쁜 것이 아니다. 나중에 와인을 점점 알아가게 되고, 이 신대륙의 소위 1등급와인과 유럽산 나라별 1등급 와인도 같이 마셔보고 이야기를 나눠보는 것도 좋은 시간이 될 것이다.

- 미국

먼저 미국에서 포도재배의 역사는 200여년 정도로 짧다. 더 나아가 1900년대 초반 14년간 금주령까지 있었으니 와인에 대한 역사가 매우 짧은 편이다. 최근 3~40년 전부터 가격 경쟁력을 바탕으로 미국 와인을 널리 알리게 되었다.

역사가 짧은 연유 때문인지 미국은 와인등급 자체가 체계화 되지 않고 라벨에 표기 역시 하지 않는다. 그렇다고 해서 저가 와인들만 있는 것은 아닌데, 값비싼 고급와인들도 있지만, 소비량이 많은 편은 아니다. 이왕 비싼 와인을 마시려면 원조격인 프랑스산을 마시기 때문일 것이다.

보통 진판델이라는 포도 품종을 사용하였다고 하면, 미국산 와인이리고 생각하면 된다. 메리티지라고 하면 보통 미국산 고급와인을 가리키며, 제네릭 와인이라고 하면 일상적인 저가 와인이다.

중고급 부터는 버라이어털 와인 이라고 해서 포도 품종명을 기재한다. 한 종류의 포도 종류를 75% 이상 함유했을 때 포도 품종명을 넣을 수 있다. 그러니 미국산 와인등급이 정립되지 않아 라벨에 적혀 있지 않더라도, 포도 품종이 라벨에 적혀 있으면 미국산에서는 괜찮은 것이라 생각하면 된다. 미국 와인을 만들 때 포도 블렌딩의 양으로 분류를 세 종류로 나눈다.

메리티지 와인(Meritage Wine)
버라이어틀 와인(Verietal Wine)
제네릭 와인(Generic Wine)

메리티지는 보르도식 블렌딩을 하는 와인으로, 두 가지 이상의 포도를 블렌딩 하는데 반드시 단일 품종이 90% 이상이어야 한다.

버라이어틀은 75% 이상의 단일 품종을 사용해서 만든 와인을 말하며, 제네릭 와인은 품종 표기 없이 포괄적이인 일반 와인 정도로 생각하면 된다.

- 포도전문 재배 지역 AVA

AVA(American Viticulture Area)라는 타이틀을 표기한 것도 있는데 이는 포도 전문 재배 지역을 구분하기 위해서 시행 한 제도이며, AVA로 지정된 지역에서 생산되는 포도 85% 이상으로 만든 와인이라는 것을 의미하는 것일 뿐, 와인 품질이 뛰어나다는 것이 아니다.

- 호주

호주 역시 미국처럼 와인 역사가 짧아 등급이 없다. 그래도 미국보다는 와인 역사가 100년 이상 많아 그래도 미국산 보다는 더 선호하는 성향이 있다. 호주산 와인을 고를 때는 양조장의 창립년도를 보아 그 회사가 와인을 얼마나 오래 만들었고, 전통이 있는지를 보는 것이 하나의 방법이고, 또 하나는 미국산처럼 포도 품종이 적혀 있는지 보는 방법이다.

- 칠레

우리가 마트에서 사는 와인들 중에 칠레산이 정말 엄청나게 많다. 칠레라는 나라 생긴 모습 자체가 포도 잘 자라게 생긴 나라이다. 해풍을 머금고 일조량도 풍부한~ 또한 와인마다 각각의 의미를 쉽게 삽입하여 마케팅을 굉장히 성공적으로 하였다.

- 아르헨티나

앞서도 설명 드렸듯 프랑스에서 잘 쓰지도 않고, 써도 소량 가미하는 정도로만 쓰였던 '말벡' 이라는 품종으로 와인을 잘 만들어, 와인을 모르는 이에게는 하나의 브랜드로 인식하게 만들었다.

10. Very hard

일상생활에서 쉽게 와인을 접할 수 있도록 최대한 포인트와 꼭 알아야 좋은 포인트 위주로 설명을 해 보았다. 이쯤 되면 '아~ 와인 쉽네!' 라는 생각보다… '아! 뭐야~ 정말 수능 보듯 공부해야 하네?' 하는 생각이 더 지배적일 것 같다.

라벨 보는 법만 알면, '와인 쉽게 고를 수 있을 거야?' 라고 생각하다가, 각 나라별로 다르고, 한 나라라도 유명 양조장은 배짱과 전통으로 메이커만 넣고… 또 이 많은 포도 품종과 원산지는 어떻게 외우나?

솔직히 이것은 일반인만 느끼는 것은 아니다. 필자도 수입상에서 와인을 공급받을 때, 수입상에게 물어봐야 한다. 불필요하게 '와인이 무슨 맛인지? 어떤지?' 이를 물어보는 것이 아닌, 나라별 각각의 등급에 해당하는 와인리스트를 받아보고, 영업사원이 직접 와서 그 와인에 대한 설명과 시음을 하고, 매장에서 판매할지 결정을 한다.

고가 와인들이 고가가 될 수 밖에 없는 각종 이유를 알지 못하는 이들에게 와인은 사치품으로 여겨질 수도 있고, 고가 와인을 마실 수 없는 현실에 놓인 이들에게는 위화감도 조성할 수 있다. 그렇기에 각 와인수입상들도 매뉴얼북이나 리스트북을 만들 때 와인등급에 대한 이해는 잘 기술하지 않고, 와인맛에 대한 소견을 주로 적는다.

처음에는 멋이나 분위기로 와인을 접하게 되는 경우가 많다. 양주가 비싼 술이라고 보통 생각하지만, 정말 비싼 술은 와인이 맞다. 소위 신대륙이라고 하는 미국, 칠레, 아르헨티나 등이 와인 산업에 뛰어 들어 저렴한 와인을 무기로 와인 대중화에 많은 부분 기여를 했다.

이들 나라에서도 프리미엄급 와인을 만들기는 하지만, 전통의 유럽을 뛰어넘기에는 아직 역부족이다. 원조를 따라 잡는 것이 어디 쉬운 일인가….

여러 곳에서 말씀드린 것 같다. 와인은 즐기다 보면, 알아가게 되고, 알아가다 보면, 당신은 와인의 멋과 맛을 느끼게 되고, 그것은 여생의 일부가 될 것이다.

PART 5

Culture

1. 싸고 좋은 것?

대부분 사람들이 와인에 대해 시작할 때 비쌀 줄만 알았던 와인이 1만 원 이하로 마트 한 편에 수북이 쌓여 있는 것에서 관심을 가지게 된다. '별로 안 비싸네? 마셔볼까?' 하고 말이다. 좀 더 자세히 살펴보니 '60% 할인! 80% 할인!' 등 구매욕을 일으키는 전단들도 붙어 있다. '그럼 10만 원 짜리를 2만 원에 살 수 있는 거임?' 하고 마감임박 세일즈에 넘어가고 만다.

당신은 당신이 아끼는 10만 원에 산 물품을 어느 상태가 되어야 남에게 2만 원에 줄 수 있는가? 애석하게도 와인도 이와 다르지 않다. 와인 할인행사의 주목적은 오랜 재고로 인한 상품가치 하락이 주요인이다.

앞서도 말했듯 국내 주류창고는 와인을 뉘우지 못하고 전부 세워 보관한다. 이에 따라 코르크 상태가 별로가 되고, 공기주입이 되어 산화 되었을 가능성이 매우 높은 제품들이다.

외관상 코르크가 볼록하게 올라왔다거나, 와인량이 조금 부족해 보인다거나… 이러한 와인들이 몇 개씩 나오기 시작하면, 수입상은 바빠지기 시작한다. 전부 폐기를 하게 되면, 원가는커녕 폐기비용이 더 나오기 때문이다. 와인 수입시장에서 수입상의 고충 역시 상당하다.

저가 하우스 와인은 바로바로 나가니 저가만 수입하고 싶지만, 수입회사의 브랜드 가치 상승을 위해 많은 등급의 와인을 구비해야 한다. 수입 역시 종류별 평균 5천병 단위로 수입한다. 그러나 국내 와인 시장은 1만 원 이하만 주로 찾는다. 안 팔릴 위험을 안고 어쩔 수 없이 수입하는 경우가 대부분이다.

상황이 이러다 보니 폐기비용이라도 줄이고, 회사 브랜드를 알리기 위해 이러한 행사를 하는 경우가 많다. 그렇다고 상한 와인들은 아니다. 김치에서 신김치가 썩은 김치가 아니듯 와인도 마찬가지다. 본래 자신에게 주어졌던 가치를 놓쳤을 뿐 썩은 것은 아니기 때문이다.

그리고 보관중인 와인 중 이러한 산화 현상이 한두 병 나오기 시작하면, 그 규모에 따라 할인율을 정해 소진하는 것이기에, 정말 10만 원 짜리를 2만원에 마시게 되는 행운의 와인족들도 분명 많다.

식당에서 흔히 하는 실수가 있다. 내가 평소 즐겨마시던 와인이 있었는데, 이 매장은 특별히 비싸게 느껴질 때이다. 매니저를 소환한다. "이거 원래 얼마정도인거 알고 있는데 왜 이리 비싸냐?"고… 보통 와인초보가 겪게 되는 과정이다. 빈티지(생산연도)를 신경 안 쓰고, 와인명만 알고 마셨다는 이야기이다. 같은 이름의 와인이라도 몇 년산이냐에 따라 가격차이가 난다. 좋은 것은 비싸다. 꼭 명심하자!

2. 식당 예절

돈을 쓰게 되면, 누구나 그 정도의 값어치 아니 그 이상의 값어치를 기대하고 있다. 그 값어치를 기대하다 보면 제일 중요한 것을 망각하게 되곤 한다. '내 돈 내고 내가 먹고 마시는데 무슨 예절?' 이라고 생각하는 분이 있다면, 필자는 더 이상 당신을 와인에 대해 알려드리려 노력할 이유를 잃게 된다. 마치 저가 와인을 오크통에 넣을 필요조차 못 느끼는 것처럼 말이다.

한 때는 '손님은 왕이다.' 라는 슬로건 하에 어느 식당이나 손님 유치를 위해 힘썼던 시절이 있다. 그것이 너무 고착화 되어, 요즘 가게 점원들의 유니폼에 "저도 누구집 귀한 자식입니다." 등의 문구를 써서 입을 정도로 갑질문화에 넌더리를 낼 정도가 되었다.

그 어떤 누구도 일을 안 하고 살수는 없고, 설사 어떠한 회사의 오너라고 하더라도 대부분 큰 거래처에게는 부장선에서 잘릴 수도 있는 하청회사 사장일 뿐이다. 큰 회사 일수록 실적이 출중하지 못할 경우 한창 일할 40대에 희망퇴직을 하고 프랜차이즈 사업에 대해 알아볼 처지가 될 수도 있다. 누구나 살기 힘들고, 그 어떤 누구도 자신의 앞날에 장담할 수 없는 것이다.

그런데 유독 식당에만 가면 적지 않은 이가 왕으로 변한다. 음식에 대해 타박하고, 점원들을 종 취급 한다. 그들은 그 일이 그들의 직업일 뿐, 종이나 천민이 아닌 말 그대로 누구집 귀한 자식이다.

O O칼국수집 등의 정말 한 메뉴 가지고 성공한 맛집도 있지만, 대부분의 호텔류의 식당에 가서 "와~ 정말 모든 음식이 동네 음식점과는 비교도 안 될 정도로 맛있다." 고 느껴보진 못했을 것이다.

여기서 주방장들의 고충이 나타난다. 자신은 최적의 맛이라 만들어 내는데, 누구에게는 짜고 누구에게는 싱겁고, 누구에게는 환상의 세팅이지만, 누구에게는 '집에서 해도 이거보다 낫겠다.' 라고 지적을 당할 때가 많다. 도가 넘은 손님은 매니저나 주방장을 호출하곤 한다. 그래서 고급식당일수록 간이 심심하다. 간이 세면 다 된 음식에서 소금기를 줄일 방법이 없지만, 심심한 음식은 소금을 치면 되기 때문이다.

사람은 겸손해야 한다. 이 세상에는 나보다 더 대단한 사람들이 많다는 것을 알면 알수록 겸손해 진다. 왜 사람

들은 그 부분을 망각하고 있을까? 고급 호텔에 가서 300
만 원 짜리 와인을 시켰다고 하자. 대단한 것이다.

'로마네 꽁띠'라고 들어본 사람 별로 없을 것이다. 와인
의 왕이라 불리는 '부르고뉴' 지역의 와인이다. 한 병에
2,000만 원 정도 하는 와인이다. 가격이 너무 비싸 '부르
고뉴에 맛들인 사람은 가산을 탕진한다.'는 말조차 있다.
꽁띠를 마시는 사람에게 300만 원 짜리 와인은 그냥 좋은
와인일 뿐이다. 더 나아가 로마네 꽁띠는 돈만 주면 살 수
있는 와인도 아니다.

레스토랑에서 비싼 것을 마실 때라도 최고의 예절은
겸손함이다. 더 나아가 겸손함은 당신을 더욱 더 값어치
있게 만들어 준다. 음식의 맛이 당신에게 맞을 수도 있고
안 맞을 수도 있다. 그러나 당신이 그 레스토랑에 간 이
유를 생각한다면, 그것을 상대 앞에서 그리 화가 날 일은
아니다.

레스토랑이나 호텔에 혼자 밥을 먹거나 홀로 와인을 마
시러 가는 사람은 극히 드물다. 어떠한 만남이나 모임을
더 가치 있고, 소중하게 만들려고 찾아가는 자리이다. 제
일 맛있는 음식은 우리 엄마가 해 주는 음식이거나, 배가
고플 때 직접 끓여 먹었던 라면일 것이다. 만남이 주목적
인 것을 절대 잊으면 안 된다.

3. 코키지 / BYOB 서비스

좋은 술을 선물 받았거나 집에 와인이 있다면?

식당에 자신의 술을 가져가고 싶을 때 하는 서비스를 BYOB(bring your own bottle) 또는 Corkage(코키지) 서비스 라고 한다.

BYOB를 하고 싶을 때는 가고자 하는 매장에 먼저 이 서비스가 가능한 지 물어야 한다. 코키지를 하지 않는 매장이 많기 때문이다.

코기지가 가능하다고 하더라도, 코키지 서비스 비용이 있다. 와인을 병채로 마실 수 없으니, 잔 등의 서비스와 세팅·청소비용이 발생하기 때문이다. 비용은 각 식당마다 다르지만 식당 수준에 따라 병당 2~5만 원 선이다.

서비스 비용을 생각해 보면, 정말 좋은 와인이나 비싼 양주가 아니라면, 그 매장 내에 술을 마시는 것이 이익일 때가 많으니 잘 생각해 보아야 한다.

단골 매장 같은 경우에 코키지 서비스를 하지 않더라도, 해 줄 때가 있다. 이러한 경우에는 자신이 가지고 간 와인을 매니저에게 한 잔 권해 그 와인에 대한 평가를 묻는 것이 예의이며, 보통 그 매장에서 고급 와인을 한 병 시키는 것 또한 빼 놓지 말아야 할 예의이다.

그러니 꼭 코키지 서비스를 하고 싶다면, 비용 낸다고 여러 병을 가지고 가면 안 되고, 4인 기준 일 경우 1병 정도가 적절하다. 단골이 아닌 상태에서 이러한 행동은 '진상'이다.

또한, 모든 주류는 업소용과 가정용이 구분되어 공급되고 있다. 내가 가지고 가는 와인은 99% 가정용이다. 이 병을 그냥 두고 가면 매장에서는 가정용 주류를 판매한 것으로 관련 공무원들에게 오해 받을 수 있고 행정처분을 받을 수 있다.

그러기에 BYOB서비스를 한 분들은 다 드신 빈병은 이유 불문하고 가지고 가는 것 또한 예의이다. 꽉 찬 병 들고 가서 빈병 들고 오는데 가벼워졌고 좋지 않은가?

4. 테이블 매너

- 한 손으로 따라라?

웨이터가 와인을 따라줄 때, 한국사람들이 순간 혼동하는 것이 있다. 우리는 잔을 두 손 모아 공손히 그 술을 받는 것이 예의이다. 그러나 와인 예절은 잔을 탁자 위에 놓는 것이다.

그리고 따르는 사람도 두 손으로 따르지 않는다. 레스토랑에서 웨이터가 따를 때도 뒷짐 지고 한손으로 따르는 것을 경험해 봤을 것이다. 이것은 서양의 예법이다. 이러한 예법이 생긴 이유는, 와인에서 발생된 대부분의 문화는 귀족문화이기 때문이다.

보통 귀족들이 식사를 할 때 하인들이 서빙을 하는데 무기를 숨기고 있다가 공격할지도 모르기에 나체로 서빙을 하게 했다. 유럽이라는 나라가 춥기도 하고 하니 나중에는 옷을 입혀 서빙을 하게 했는데 대신 팔 하나를 뒤로 묶어 놓고 서빙을 시켰던 것이다. 이 때문에 와인은 한 손으로 따르는 것이 예법이 되어 버렸다.

인도에도 이와 비슷한 예법이 있다. 스님들 옷 중에 '가사'라는 밤색 망토 같은 것이 있다. 불교에서만 입는 스님들의 옷이 아닌, 인도 전통 의상이다. 이 옷을 입었을 때 오른 어깨는 들어나 있는 것을 볼 수 있다. 이는 인도의 예법으로 내 오른손에 무기가 없다는 것을 말하는 것이며, 상대 주위를 돌아갈 일이 있더라도 항상 오른쪽으로 나의 어깨를 보이며 걷는 것이 예절이다.

요즘은 법이라는 것이 있고, 그에 따르는 강제성들이 많다. 그 때문에 선한 이들이 편하게 사는 것도 있다. 하지만 옛날에는 정말 '욱~'하면 살인사건 났을 것이다. 그러니 현재 이 얼마나 좋은 세상인가?^^

- 먹는 예절

일본사람들이 우동 먹는 소리를 들으면 적응 안 되는 한국 사람들이 꽤 많다. 우리도 국수가 있는데 말이다. 일본인들은 우동을 소리 내서 먹어야 맛있게 먹는다는 문화가 있다. 서양으로 넘어가면 반대이다. 이들은 젓가락 문화가 없고 포크 문화이기에 파스타 같은 면 요리도 말아서 한 입에 먹지 우리처럼 빨아들이듯 흡입하며 먹지 않기에 음식 먹는 소리가 매우 조용한 편에 속한다.

또한 입 안에 음식물이 있을 때 말을 하면 안 되고, 상대 입에 입식물이 있더라도 말을 시키면 안 된다. 음식물이 말하다 튀어 나갈 수 있기 때문인데, 뭐 이러한 것은 따라 해도 나쁘지 않다. 어찌 보면 당연한 것 아닌가? 음식물이 튀어 나가면 누가 좋겠는가?

뷔페… 뷔페는 한 30여 년 전만 해도, 부자들이나 가는 곳이었고, 일반인들은 무슨 행사나 되어야 가게 되었다. 또 많지도 않아 한 구에 하나 정도나 있었을까? 굉장한 고급식당이었다. 여기 다녀온 아이들은 그 뷔페에 대해 자랑하기 바빴고, 아이들은 음식을 배터지게 먹어도 아무도 뭐라고 안 한다는 말에 '나도 뷔페갈 일 있음 3일을 굶고 갈거다!' 하고 상상도 많이 하며 놀았다.

당시 우리가 특이하게 받아들였던 점이 한상 가득 차리는 한국식 식당이 아니라, 잔뜩 차려져 있던 것을 종류별로 먹을 만큼 끝없이 가져다 먹을 수 있다는데 있었다. 이것이 보편적 서양의 식탁문화이다.

우리 식탁에서는 손이 안 닿은 곳의 반찬은 상대가 다른 음식을 가져가고 있을 때도 그 위로 손이 가서 내가 원하는 반찬을 가져오고 심지어 일어나서까지 그 반찬을 가져온다. 상대에게 저거 좀 내 앞으로 가져다 달라느니, 좀 덜어달라느니 하는 요청이 없는 문화이다.

그러나 서양은 덜어 먹는 문화이다. 와인바나 레스토랑가도 마찬가지이다. 외국인이랑 식사를 하게 될 때나, 외국 문화에 많이 젖어 있는 소위 인텔리들이랑 식사를 하더라도 상대 손 위로 내 손이 가는 것은 자제해야 한다. 술은 따라 주면서 음식을 덜어주거나, 가져다 달란 소리는 왜 못하는가?

레스토랑이나 중고급 이상 식당에 가면 젓가락은 당연히 없는 것으로 알고 있고, 가져다 달라고 하지도 않는다. 어차피 없는 것 이제 뻔히 알기 때문이다. 서양에서 음식을 먹는 도구 문화는 이들도 처음엔 손으로 먹다가 나중에는 기사들이 항상 가지고 다니는 칼로 찍어 먹거나 하였다.

이러다가 16세기 이후에 칼끝이나 삼지창과 같은 '포크"가 만들어져 사용되었다. 이 포크도 와인잔이나 디캔더처럼 가문의 문장을 넣고 부와 명예의 한 상징이 되었다.

대부분 음식을 손으로 먹던 당시 포크는 굉장히 청결한 문화였다. 그래서 일반인들도 이 포크를 사용하도록 계몽운동을 펼쳤으나 손으로 먹는 것보다 느리다고 외면 받다가 수세기가 지나서야 누구나 쓰는 도구로 인식되어 지금도 사용되고 있는 것이다.

이 포크와 함께 서양 식탁의 세팅은 나이프와 스푼이 세팅된다. 딸랑 세 개만 놓는 것이 아니고, 코스의 정도와 음식 메뉴에 따라 몇 개씩 놓여지는 경우도 있다. 예전 고급 레스토랑에는 한 번에 다 펼쳐져 있어 '대체 뭘 사용하라는 거야?' 하고 내심 식은땀을 흘릴 때도 있었지만, 요즘은 음식종류별로 계속 치우고 다시 세팅하고 하는 식당이 많다. 우리를 위한 배려일까?^^

5. 비싼데 뭐 하러 가! 집에서 차려!

결혼하기 전에는 '뭐 그까짓 거 얼마나 한다고?' 하고 많은 남성들이 내 애인을 챙기기에 한없이 관대하다. 그러나 결혼하고 나면, 피곤하기도 하고, 실질적으로 돈 버는 것이 힘든 것을 잘 알아 절약이 몸에 배 버린다. 와이프가 기분 좀 내려 어디 가자고 하면 "비싼데 뭐 하러 가! 그냥 집에서 차려!" 라고 한다.

오~~ 슬픈 말이다. 와이프도 내가 맨날 해서 먹는 식탁 보다는 남이 해주고 대접해 주는 곳을 가고 싶어 한다. 오히려 남자보다 여자들이 더 기분파이다. 항상 그러한 곳의 분위기에 취하고, 추억을 만들고 싶어 하기에 돈 보다 분위기를 더 소중해 한다.

그러나 현실에 밀리는 것이 반복되다 보면 정말 식당가기 무서워지게 된다. '그 돈이면 우리 아이 학원 하나를 더 보내지~' 하는 아줌마가 되어 있다….

연장선상에서, 평상적으로 집에서 와인을 즐기던 사람은 와인바 가기가 겁난다. '아~ 이 와인… 마트에 가면 얼마뿐이 안 하는데…' 하고 자꾸 본전 생각을 일으킨다. 당연히 식당이 비싸다.

여기서 한 가지 알아야 할 상식이 있다. 집에서 사는 어떠한 주류이던 라벨에 '가정용' 이라는 문구가 있다. 식당에 가면 라벨에 '주점용' 이라고 쓰여 있다. 응? 맛이 다를까? 똑같다… 그런데 왜 그렇게 쓰여 있을까?

당신이 마트에서 사는 주류는 세금을 최소하게 하여 저렴하게 판매한다. 국민에게 저렴한 비용으로 최소한의 여가를 보장하는 것이다.

그렇지만 주점용 술일 경우 온갖 세금을 붙여 매장 자체에 마트에서 사는 것과 비슷한 가격으로 입고된다. 더나아가 이러한 식당에서 가정용 술을 판매 하다 걸리면 엄청난 벌금에 영업정지까지 당한다. 이러한 부분을 잘 모르다 보니 식당 등에서 엄청난 마진을 남기는 것 같은 생각이 드는 것이다.

와인바의 경우, 보통 수입맥주 같은 경우는 들어오는 가격에서 2~30% 더 붙여서 판매하고, 와인 같은 경우는 상권에 따라 입고가격의 2~3배 붙인다. 비교적 상권이 일류 상권이 아닌 경우 2배, 강남 등의 최고 상권인 경우 3배를 붙인다. 양주도 마찬가지이다. 혹시 짐작되는 부분이 있지 않은가? 바로 상권에 따른 임대료 때문이다. 강남에서 타 일반상권처럼 2배만 붙였다가는 임대료도 못 내게 되기 때문이다.

고가의 와인들은 2~3배 이렇게 까진 못 붙이고, 적정 수준으로 붙이게 된다. 맥주나 소주에 비해 와인이나 양주에 이렇게 마진을 붙이는 이유는, 맥주는 소비량이 수입병 맥주 330ml 같으면 혼자서도 10병 이상도 마신다. 그러나 와인은 4인 기준으로 보통 1병에서 많아야 3병을 넘지 않기 때문이다.

레스토랑의 가격 구성은 그냥 공간 사용료라고 보면 된다. 그러니 일반 김밥집 같이 않게 인테리어나 매장 내 고객 간의 프라이버시에 신경 쓰고, 나름대로 최대한의 서비스를 제공하는 것이다. 우리는 이런 곳에서 추억을 쌓고 상대와 좋은 시간을 갖는 것이다. 솔직히 생각해 보라. 집에서는 그러한 분위기를 못 연출하지 않는가?

더 나아가, 사람이 어떻게 달리기만 할 수 있는가? 좀 쉬어 갈 줄도 알아야 한다. 그래야 재충전도 되고, 삶의 무료한 반복 속에서 기분 전환도 되는 것이다. 그리고 식당에서 식사를 하면, 설거지도 안 해도 된다.^^

6. 고가 와인의 소비형태

"와인 한 병에 100만 원이 넘는 것도 있다고?"
"돈이 얼마나 많기에 그런 와인을 마실까?"

고가의 와인은 정말 와인 매니아가 아니면 개인적으로 와인맛이 좋아 사 마시시는 사람은 극소수라고 보면 된다. 평상적으로 몇 가지 형태로 이 고가의 와인들이 소비된다.

첫째는 와인 행사장에서 디너쇼와 함께 시음회를 하는 것이다. 소정의 디너쇼 비용을 내고 참석해 한잔씩이나마 이러한 고가의 와인을 맛 볼 수 있기에 와인 디너쇼는 아는 사람들에게는 은근히 인기가 있다.

각 생소한 사람들의 만남이지만, 좋은 와인과 음식과 함께 하기에 새로운 교류의 장이 될 수도 있어, 비즈니스 목적으로 참석하는 경우도 많다. 이러한 디너쇼 가격은 와인 수준에 따라 최소 30~100만 원 정도이다. 만만치 않다. 둘만 가도…….

두 번째는 큰 상점?^^ 들의 vip 행사이다. '이것이 한 병에 얼마짜린데요~' 하며 그들을 한껏 더 vip로 심취하게 만들고, 고가의 물건을 자연스레 구매하도록 유도한다. 아~ 장사 잘한다~!

세 번째는 좀 안 좋은 현실인데 꽃뱀들이 많이 소진해 준다… -_- 중년 이상이 모이는 그 어떠한 장소에서 남자를 만나 와인한잔 마시면서 더 이야기 하자며, 자신과 거래하는 와인바로 데리고 간다… 저렴한 안주를 시켜 상대를 안심시키며, 와인에 대해 사람들이 잘 모르는 점을 악용, 자신은 많이 아는 인텔리의 느낌을 주며 지적으로 와인을 주문한다.

경찰 조사 결과, 이 꽃뱀들은 평상적으로 결제 비용의 20%를 자신의 수수료로 챙긴다 한다. 100만 원짜리 두 명만 마셔도 40만원의 수수료를 챙긴다. 경기도 한 지역에서만 1년 피해사례가 천 건이 넘는다는데 사기로 적용하기도 어려워 처벌도 힘들단다. 남자분들 많이 조심해야 할 것 같다.

이런 고가의 와인들은 맛이 엄청나서가 아니라, 브랜드 가치가 그 주를 이룬다. 명품백과 중국산 짝퉁이 있다면, 이를 구분해 내는 사람 역시 전문가라 칭한다. 그 정도로 별 차이가 없기 때문이다. 가격은 명품과 짝퉁은 100배 이상 차이가 난다. 이러한 개념으로 생각해도 크게 다르지 않다.

이름나고 전통 있는 와인명가에서 수제로 포도를 수확해 전통방식으로 와인을 만들어 한정판으로 공급하는 와인은 예약이 몇 년 치가 차 있고, 부르는 것이 값이다. 그렇기 때문에 천 만 원이 넘는 와인도 있다. 그렇다면 10만 원짜리 와인보다 100배 맛있다는 것인가? 아닌 것 알지 않는가?

이러한 고가 와인들은 대부분의 수입상들은 그냥 사다가 보관하고 있지 않다. 수요가 있는 것을 확인하고, 소량만 수입해 오는 것이 대부분이다.

그 수요는 보통 vip와인 맴버쉽 클럽들이다. 회비를 수백에서 수천까지 내고, 자신이 원하는 고급와인을 주문하거나, 수입상에서 새로운 고급와인이 들어온다고 할 때 우선적으로 그 와인을 구매할 수 있다. 일종의 체크카드 방식인데, 이것이 앞서 말한 그들만의 리그인 것이다.

7. 국내 와인의 소비형태

한 때 국내 와인 시장은 대 붐을 이루었었다. 삶이 점점 좋아지면서, 집에서도 홈파티용으로 사용이 많이 되었고, 그에 발맞추어 와인바도 많이 생겼었다. 그러나 이는 우리의 전통이 될 수 없는 유행일 뿐이었을까? 언제 부터인가 와인바는 하나 둘 없어지고, 명맥을 유지하는 곳 대부분이 싸롱인지 주점인지 구분이 모호하고, 왠지 중년들만 가는 어두운 분위기에, 놀라울 만한 가격으로 인해 점점 더 외면되어 갔다.

그래도 젊은이들 사이에서도 분위기를 한번 내고 싶을 때 찾게 되는 곳이 와인바이다. 한 때의 유행이면 확 사그라져야 하는데, 그래도 그 명맥이 유지되고, 가정용으로도 연간 2,000억 원 이상 와인 판매가 된다하니 이 말은 이제 우리나라 사람들도 와인의 맛을 이미 알아버렸다는 이야기와 같다.

와인이 주는 최고의 장점은 분위기를 고급스럽게 바꿀 수 있는 부분도 있다. 부드럽게 넘어가지만 결코 낮지만은 않은 알콜도수, 연하디 연한 글라스이기에 조심스럽게 되어가는 식탁 예절, 그에 따르게 되는 고풍스럽고 정적인 디너. 와인으로 인해 구성할 수 있는 멋진 모습이다. 집에서 홈파티를 하더라도 초도 키고, 식탁보도 깔아보고, 와인은 왠지 그래야 할 것 같은 무엇이 정갈한 모습의 식탁이 표현된다.

한국인들은 밥에 국이 주식이기 때문에 와인이 소주 문화를 넘어서기는 어렵다. 또한 8282 습성 때문에 밥이랑 같이 후딱 반주 한잔 하고 TV를 보며 눕고 싶은… 와인과 어울릴 세팅은 시간도 그래도 좀 걸리는데, 남편은 퇴근해서 원래 습관대로 20분도 안 되어 홀랑 먹고 "나~ TV 본다~" 하면 와이프 입장에서는 또 세팅할 마음이 날까?

와인 구성 디너 세팅은 시간이 걸리는 만큼에 비례해서 가족 간의 대화와 함께 어느 정도 충분한 디너시간이 필요하다. 집은 좋던 나쁘던 안락함의 대명사이다. 편하게 쉬고 싶은 곳이 바로 집이다. 평소 쉬던 패턴도 있다. 그래서 지인들과 함께 하는 홈파티가 아닌 이상 가족간의 홈파티는 들인 정성에 비해 매우 싱겁고 허무하게 종료되는 경우가 많다.

누구나 다 그런 것은 아니듯, 홈파티를 매우 활용적으로 사용할 줄 아는 분들은 대형슈퍼에 가서 와인을 고를 줄 알아야 한다. 판매원들에게 물어봐도 모르기 때문이다. 대부분은 가격대만 보고 와인을 구매하기에 집에 와서 마셔보고 '에이~ 잘못 골랐네…' 하고 마시다 버리는 경우가 많다.

홈파티에 최적화 되어 있지 않은 분들 역시 앞서 말했듯, 와인바에서 와인을 주문할 정도는 되어야 한다.

8. 국산 와인

보통 와인주조용 포도는 우리가 평상적으로 먹는 포도
에 비해 당도가 매우 높다. 당도가 높은 포도를 사용하는
이유는 효모가 당분을 알콜로 바꾸기 때문에 당분이 많을
수록 알콜 농도가 높아지기 때문이다.

한 때 국내에서 와인붐이 일었을 때 국내산 포도로 와
인을 개발하려 하는 개인와인공장들이 많이 생겼었다. 이
들이 대부분 사라진 이유는 국내 생산되는 포도는 와인주
조포도보다 당분이 낮기에 포도쥬스인지 와인인지 구별이
안 갈 정도라 알콜도수를 높이기 위해 설탕을 많이 가미
하였다.

사람들 입맛이 그리 바보가 아니다. 당연히 실패할 수
밖에 없는 사업을 한 것이다. 더 나아가 와인주조용 포도
는 대부분 우리가 아는 일반적 포도보다 크기가 절반 정
도에 지나지 않는다. 알맹이가 크면 껍질량이 적다는 것이
고, 알맹이가 작으면 껍질량이 많다는 것이다.

껍질량이 많으면 와인의 빛깔이 좋으며, 껍질에는 탄닌이라는 성분이 많이 들어 있는데, 이 탄닌이 항산화작용으로 와인의 변질을 막아준다. 그런 연유로 알맹이가 큰 국내 식용포도로는 또 항산화 방지제를 가미해야 한다. 어떻게 하던 정상적 형태의 와인을 만들 수 없는 것이었다.

더 중요한 것은 수천 년 와인명가로 불리는 유명 양조장들의 전통과 기술을 '한 번 해 볼까?' 하는 의도만 가지고 도전하는 것 자체가 무모한 일이 아닐 수 없다. 미국 캘리포니아나 칠레 등이 후발주자로 어느 정도 성공할 수 있었던 이유는, 그들의 땅덩이 크기와 대량화, 유사한 서구문화, 그리고 와인명장들의 이민에 의한 기술 전수가 용이했기 때문이다.

Epilogue

누구나 항상 쉬고 싶다. 삶에 지치기 때문이다. 그러나 그것이 고착되어, '회사 + 집'이라는 정말 무미건조한 패턴으로 삶이 굳으면 안 된다. 그래서 사람은 일상을 잠시 벗어나 잊을 수 있는 취미나 여가가 반드시 필요하다. 삶에 지쳐 마시는 술의 끝은 알콜중독자가 되는 것이지만, '여유를 위해! 맛을 위해! 그 자리를 위해!' 마시는 술은 잠시의 일탈이자 내일에 대한 충전이 된다.

세계 맥주에 대해 그 맛과 평, 그리고 마시는 방법을 소개한 책은 아마도 없을 것 같다. 왜냐하면, 맥주는 가격의 큰 편차가 없어 이것저것 마셔 봐도 큰 부담이 안 되기 때문이다.

10여 년 전만 하더라도, 맥주는 하이트 아니면 카스였다. 그러다가 수입맥주 광풍이 불기 시작했다. 비슷비슷하면서도 다르고 독특한 맛, 밋밋한 국산 맥주에 지친 국민에게 이러한 수입 맥주들은 신세계였다. 세계적으로 인정받은 맥주들이기에 국산맥주가 이들에게 자리를 내어줄 수밖에 없는 것이 어찌 보면 당연한 일이었다.

이 책에 와인을 공부하듯 마시지 말고, 마셔가며 알아가라고 하는 것도 우리가 맥주를 알아가던 것과 같은 맥락이다. 우리가 수입맥주를 마실 때, 그 나라의 맥주 역사와 맛의 평가에 대해 공부하고 마시지 않았던 이유와 같은 것이다.

그러나 맥주와 똑같은 룰을 적용할 수 없기는 하다. 그래서 어느 정도의 상식을 밝혀 놓은 책이 많은 것이고, 필자는 그러한 책들을 접하면서, 사람들에게 와인에 대한 상식을 알려주기 전에 체계적이지 않고, 복잡하고, 자기 자서전 비스무리하게 쓰인 책들을 보며, 핵심 압축요약을 한 책이 있으면 좋을 것 같아 집필하게 된 것이다.

어린 시절 어머니가 오랫동안 아프셨다. 그래서 어머니의 수고를 조금이라도 덜어드리려, 처음에는 설거지를 하다가 나중에는 요리를 하게 되었는데, 참으로 재미있었다. 하면은 할수록 늘고, 손님들이 오셔도 거의 모든 음식을 다 해 내었다.

내 음식을 먹어본 사람들이 '브라보!'를 외칠 때 꿈을 가졌다. '그래! 요리사가 되자!' 그래서 전문 학원을 다니고 하였지만, 결국은 요리사의 길을 가지 못했다. 이 사연은 길다. 그러나 나중에 자서전에나 쓸 내용~^^ 실력 있는 요리사들은 레시피가 없더라도~ 어떠한 량의 음식을 만들더라도~ 감으로 모든 구성과 간을 맞출 수 있다.

이러한 재능은 배워서 되는 것이 아닌, 어쩌 보면 타고 난 재주이다. 음식을 못하는 사람들은 계량스푼과 계량컵 이 있어야 하며, 더 나아가 레시피의 순서 밖에 따라하지 못하는데 그마저도 잘 안 된다. 요리는 불 조절, 조리시간, 숙련도 등 여러 요소가 다 갖추어져 있어야 비로소 제대 로 된 맛을 낼 수 있는 고난이 기술이다.

간도 안보고 감으로만 모든 음식을 만들어 내는 요리사 들은 그 전에 엄청난 시행착오를 거치며, 안 되는 이유를 파악하고, 그 결점을 보완하려 많은 노력을 한 사람들이 다. 조리할 때 풍겨 나오는 냄새만으로 간의 농도 여부가 파악가능하며, 미각 또한 일반인들보다 많이 뛰어나다.

필자도 이러한 부분들을 타고났고, 거기에 술도 매우 좋아 하였다. 독일 여행을 간 적이 있었는데, 갈 때의 목 적이 독일의 모든 술을 마시고 오는 것이었다. 얼마나 어 리석은 생각이었는지 알게 되는데 불과 며칠이 걸리지 않 았다. 실로 엄청나게 많은 종류의 맥주들….

한 때는 맥주광이었다. 믿거나 말거나 리즈?^^ 시절에 는 혼자서 박스로 마셨다. 그러다가 많은 량을 마셔야 직 성이 풀리는 맥주에 지쳐갔다. 그러다 발을 들인 곳이 바 로 이 와인의 세계이다. 알면 알수록 멋진 술이었다. 그래 서 남은 인생을 와인과 벗하고, 살기로 정했다.

요리사의 꿈을 접은 대신, 어떠한 계기가 생겨 사업을 시작하게 되었다. 무일푼으로… 회사 사옥을 소유할 정도로 잘 나갔다. 그러다 지쳐가고 삶에 대해 권태기를 느끼게 되었다. 돈에 의해 만나서 돈 때문에 헤어지고, 헤어져도 앙숙으로 남고, 각종 시비에 얽히고, 그 과정에서 아는 이들에게 참으로 많은 배신감을 느끼게 되었다.

그래서 이제 더 이상 욕심 부리지 않고, 박수칠 때 떠나기로 결정했다. 그 첫째 결정이 하던 외향적 사업의 많은 부분을 접고, 조촐하게 와인바를 운영하며, 쉬는 날이면 가족과 함께하고, 사회의 장애요인들을 경험해 보지 못하고, 예비지식도 없는 이들에게 그것들에 대해 알려주며, 그들이 큰 상처받지 않고 성장할 수 있도록, 사회에서 꼭 필요한 지식에 대해 공헌을 하기로 마음먹었다.

'돈~ 돈~ 돈~' 하며 살기 보다는 인생을 즐기고, 어떠한 면이든 남에게 도움이 되는 삶이라… 꽤 괜찮은 사업 아닌가?

필자가 모든 와인의 맛을 느껴본 적은 없지만, 인생에서 느낄 수 있다는 많은 안 좋은 맛을 비교적 어릴 때 대부분 겪어 보았다. 그것을 교훈삼아 무형의 자산으로 잘 활용하였고, 무일푼에서 자타가 공인 할 정도의 성공한 사업가로 성장할 수 있었던 것이다.

처음 사업할 때 회사이름을 MS로 지었다.
Mind solution : '마음을 해결하다.' 이다.
마음을 해결하고 싶었다. 항상….

와인을 기반으로 한, 인생 사업이라… 이것이 잘 한 결정인지 아닌지는 나중에 알게 되겠지만, 더불어 사는 삶에서 무언가를 함께 나누고 공유할 수 있는 직업을 가진다는 것은 행복한 일일 것 같다.

황현수

카페 아난

'아난 카페'는 부천시에 소재하고 있는 필자의 사옥인 MS타워에 위치하며, 와인바 이름은 딸아이의 이름을 빌린 것이다. '아난' 은 고대 인도어로 '환희, 기쁨' 이라는 뜻이다. 와인의 원산지이자, 오리지널의 나라들인 '프랑스, 이탈리아, 스페인, 독일' 이 4개국의 1등급 ~ 4등급까지 가성비 좋은 제품으로 품목별로 보유하고 있다.

와인에 대한 지식이 없고, 1등급은 무조건 비쌀 것 같다는 생각에 엄두를 못 내었을 뿐이지, 10만 원 이하에서도 괜찮은 1등급 와인을 마셔볼 수 있다. 그러한 수고를 아난카페에서 미리 덜어 놓았다.

일단 정통와인부터 배워가는 것이 좋을 것 같아 와인 후발주자인 신대륙와인은 제외했고, 포트와인을 찾는 사람은 거의 본 적이 없어 제외 했다. 와인에 대해 잘 모를 때는, 내가 사게 되거나 마시는 와인이 몇 등급인지 알 방법도 없고, 등급을 떠나 좋은 와인인지 나쁜 와인인지 구분하기도 힘들다. 그래서 처음에는 조력자가 필요한 것이 바로 이 와인의 세계이다.

등급별, 나라별로 와인을 비교 시음해 가며, 와인에 대한 이해를 높일 수 있도록 와인리스트를 구성한 것이다. 인연되는 독자가 있다면, 아난 카페에서 좋은 만남을 있기를 기원한다.

이 책은 와인의 전반적 핵심 압축본으로 책에 싣지 않은 내용과, 글로서 표현하기 힘든 부분들은 동영상으로 제작해서 홈페이지와 유튜브에 올리고 있다. 말로 할 것을 전부 글로 쓰다 보면, 필자가 다른 와인책들에서 느낀 것처럼, 이 책도 군더더기가 많이 묻어 오히려 지식의 전달이 늦어지기 때문이다. 아난카페 홈페이지에 방문하면, 더 많고 디테일하고 세분화 된 와인세계를 접할 수 있다.

아난 카페
www.a-nan.co.kr